ISBN 978-1-970827-02-6

Imprint: Living University of Terrain

Diseño de portada: Sandy Kerstupp

Colección Los Cuadernos de la LUT – Living University of Terrain.

www.universityofterrain.com

LOS CUADERNOS DE LA LUT

CUADERNO

Nº 5

BIOENERGÉTICA

BÁSICA

Una introducción a la comprensión de la vida y la salud desde una mirada energética.

Ana María Oliva, PhD Biomedicina

2025

Sumario

DESCARGO DE RESPONSABILIDAD DEL AUTOR

Este material se ha creado únicamente con propósito educativo. Ni el autor ni el editor están dando ningún tipo de consejo médico ni de ningún otro tipo. El autor y el editor proporcionan esta información y el lector lo acepta con la comprensión de que todo lo que haga en relación a la información aquí proporcionada es únicamente responsabilidad del lector, quien lo hace aceptando sus propios riesgos. Ni el autor ni el editor tienen ninguna responsabilidad con respecto a ninguna persona o institución, en relación con ninguna pérdida, daño o lesión causada o atribuida directa o indirectamente a la información contenida en este libro.

Introducción

Hola, soy Ana María Oliva. Te doy la bienvenida a este nuevo cuaderno, un recorrido por los básicos de bioenergía, un espacio donde quiero compartir contigo aquello que sé y que soy, y que tanto me apasiona: una mirada menos materialista sobre la vida.

No sé si este es tu primer acercamiento a nosotros, pero te recibo con alegría en este cuaderno y también como fundadora y directora de la Universidad Viviente del Terreno. Esta iniciativa nació con el propósito de expandir un paradigma diferente sobre lo que es la vida, la salud y la ciencia, y sobre nuestra manera misma de comprender la existencia.

Llamamos a este proyecto *Universidad del Terreno* para subrayar una idea fundamental que ya expresaban Bechamp y Bernard: *"el germen no es nada, el terreno lo es todo."* Más adelante volveremos sobre este concepto, pero su esencia puede resumirse así: no podemos entender el texto sin su contexto.

Cuando hablamos del "terreno", nos referimos a todo lo que ocurre dentro y fuera de nosotros, porque como veremos a lo largo de este texto, la frontera entre lo interno y lo externo no es tan clara como solemos pensar.

Permíteme presentarme con un poco más de detalle. Mi formación inicial fue en Ingeniería Industrial por la Universidad Politécnica de Cataluña, en España, mi ciudad natal, Barcelona. Más adelante realicé un Máster en Ingeniería Biomédica en la Universidad de Barcelona, en colaboración con la Politécnica. Antes incluso de comenzar esos estudios ya había explorado diferentes enfoques de las llamadas *terapias alternativas*, pero aquí prefiero mencionar el recorrido más académico, el que suele aparecer en un currículum formal. Lo hago porque quiero que sepas que lo que comparto contigo no surge de la improvisación ni de un impulso repentino, sino del resultado de muchos años de trabajo y de investigación.

Durante el máster recibí el Premio Extraordinario de mi promoción, y posteriormente cursé un doctorado en Biomedicina, que me otorgó el título de Doctora en Biomedicina (lo que en lengua inglesa llaman PhD)—aunque, por supuesto, no de médica.

¿Y qué es la biomedicina? Es el campo de la ciencia que estudia todos los procesos relacionados con la salud. Los médicos, en general, aplican protocolos establecidos, idealmente con pleno conocimiento de lo que hacen. Pero quienes nos dedicamos a investigar los fundamentos de esos procesos somos los llamados biomédicos. Podemos ser biólogos, biofísicos, bioingenieros...

Mi tesis doctoral llevó por título *Estudio de los efectos inducidos por campos eléctricos en células*, y la desarrollé entre dos laboratorios: el de Nanobioingeniería del Instituto de Bioingeniería de Cataluña (IBEC)[1] y la Unidad Huésped-Patógeno del Laboratorio de Microbiología (UB). Al presentar mi trabajo obtuve la calificación de *cum laude*. Todo esto representa, en cierto modo, mis credenciales: el recorrido que me respalda cuando hablo de estos temas y la base desde la cual se fue transformando mi mirada sobre la vida.

Motivaciones personales y cambio de paradigma

Mi entrada en el mundo de la biomedicina no fue casual. Además del interés académico, me movía una búsqueda personal: comprender aquellas dimensiones de la vida que no siempre se ven. Desde muy joven me sentí atraída por enfoques que integraban lo energético y lo invisible en la

[1] https://ibecbarcelona.eu/

comprensión del cuerpo y la salud. En mi primer libro publicado por la Editorial Sirio "Lo que tu luz dice, un viaje desde la tecnología hacia la consciencia", explico esos orígenes que conformaron lo que soy.

En la época en la que empiezo mis investigaciones más formales, a primeros de los años 2000, estaba influenciada por autores como Hulda Clark y Raymond Rife, quienes exploraban la posibilidad de utilizar frecuencias y tecnologías electromagnéticas como herramientas terapéuticas. Me fascinaba la idea de crear un *antibiótico eléctrico*, una forma de tratamiento que actuara desde la energía y no desde la bioquímica, evitando así muchos de los efectos secundarios de los medicamentos convencionales.

No imaginaba entonces que el camino de mi doctorado transformaría por completo esa visión. A medida que avanzaba en la investigación, descubrí que la ciencia que conocía empezaba a tambalearse, que los fundamentos mismos de lo que entendía por biología, salud o enfermedad necesitaban replantearse.

Fue en ese proceso cuando empecé a vislumbrar lo que hoy llamo el Paradigma del Terreno: una manera distinta de comprender la vida, en la que cada célula, cada proceso, cada interacción forma parte de un contexto más amplio y dinámico. No era solo un cambio intelectual, sino también una transformación profunda de mi propia manera de estar en el mundo.

Una actitud ante el conocimiento: la humildad científica

A lo largo de este camino, hay una frase que siempre me ha acompañado. Pertenece al físico Richard Feynman, quien decía algo así:

> *"Tengo respuestas aproximadas, posibles creencias y distintos grados de certeza sobre muchas cosas, pero no estoy absolutamente seguro de nada. Y hay muchas cosas de las que no sé absolutamente nada."*

Más adelante añadía:

> *"No necesito tener una respuesta para todo; no me atemoriza no saber, ni sentirme perdido en un universo misterioso."*

Estas palabras reflejan con precisión la actitud con la que me gusta abordar la ciencia y la enseñanza. Me las apropio, porque expresan la esencia de mi manera de compartir conocimiento.

Estoy aquí para compartir lo que he aprendido y lo que sé, pero también para hacerlo desde el disfrute, desde la pasión por comprender. Y eso no significa que lo sepa todo. Como bien recordaba Feynman, hay muchas cosas que desconozco, y no me asusta ni me averguenza admitirlo. Al contrario, reconocer lo que no sabemos nos mantiene vivos, curiosos y abiertos a descubrir más.

Las sombras y la interpretación de la realidad

Vivimos en un mundo en el que, muchas veces, nos guiamos por las sombras. Hay una imagen que suelo mostrar en mis presentaciones y que pertenece a un libro titulado *La Tierra vista desde el cielo*, publicado antes de la era de los drones, cuando las fotografías aéreas se tomaban desde globos aerostáticos.

En una de esas imágenes aparecen lo que parecen ser grandes camellos avanzando por el desierto. Pero, si miramos con atención, descubrimos que los camellos reales son apenas unas pequeñas figuras rectilíneas en la arena, y lo que vemos con tanta claridad no son los animales, sino sus sombras.

Esta escena me recuerda al mito de la caverna de Platón: los seres humanos observando las sombras proyectadas en la pared, creyendo que son la realidad misma. En la ciencia sucede algo parecido. A menudo trabajamos con datos, con imágenes, con resultados experimentales que, en el fondo, son solo proyecciones de algo más profundo. Si no somos conscientes de ello, corremos el riesgo de confundir la sombra con el camello.

Por eso, en la investigación científica —y en la vida en general— es fundamental desarrollar **discernimiento**. Observar, sí, pero también interpretar con cuidado, preguntarnos qué estamos viendo realmente, reconocer las contradicciones y distinguir entre lo aparente y lo esencial.

Solo así podemos avanzar hacia una comprensión más verdadera de la realidad.

Contenido general del cuaderno

Para que tengas una idea clara del camino que recorreremos, te adelanto brevemente el contenido general de este cuaderno, que está basado en un mini curso sobre las bases de la bioenergía aplicada a la salud. Este minicurso está disponible en la Universidad[2].

Comenzaremos con una introducción y unas bases fundamentales, donde compartiré contigo los objetivos, la visión general y las definiciones esenciales. Son conceptos que necesitamos precisar desde el inicio para asegurarnos de que todos —vengamos del mundo científico o no— estemos hablando el mismo idioma.

Desde ahí, daremos paso a la mirada central de este enfoque: comprender la vida desde una perspectiva menos materialista y más energética. Aprenderemos a observar los procesos vitales no solo como reacciones químicas o mecanismos físicos, sino como manifestaciones de un flujo de energía organizado y coherente.

Después entraremos en el desarrollo de la fisiología electromagnética, un tema fascinante que exploraremos paso a paso, de manera sencilla y comprensible. Este recorrido se estructurará en partes breves, pensadas para que puedas asimilar los conceptos sin dificultad y conectar cada idea con ejemplos concretos. El propósito no es que al terminar seas un experto en bioenergía —este cuaderno representa solo los básicos—, sino que te sirva como puerta de entrada a una nueva forma de pensar la salud y la vida.

---

[2] https://www.universityofterrain.com/cursos-terrain-basics

Queremos que este sea un espacio para repensar, desaprender y reaprender. Repensar qué entendemos por salud. Desaprender algunos hábitos de pensamiento puramente materialistas. Y reaprender a mirar el cuerpo y la vida como procesos dinámicos, energéticos y profundamente coherentes.

La salud, en esta visión, no es un acto médico, sino un estado y un proceso. Un modo de equilibrio que emerge cuando comprendemos la vida desde su dimensión energética.

También cuestionaremos la idea de que la enfermedad sea un error o un fallo del sistema. Las células no se equivocan: responden, se adaptan, buscan equilibrio. Comprender esto abre una puerta completamente nueva hacia una biología más viva y más consciente.

Propósito

Entre los propósitos de este cuaderno hay varios que considero esenciales. El primero es que puedas comprender qué son los campos electromagnéticos de origen biológico y cuál es su papel en los procesos de la salud. La vida no es solo materia; es movimiento, vibración, frecuencia. Todo organismo vivo genera su propio campo electromagnético, y entender cómo se comporta ese campo nos acerca a una visión más completa del cuerpo y de sus funciones.

Otro objetivo es presentarte las principales líneas de investigación y los temas que conforman este campo, no para profundizar todavía en ellos, sino para que puedas tener una visión panorámica, un mapa que te permita orientarte y elegir después en qué áreas quieres avanzar.

También busco difundir información sobre las interacciones entre los campos electromagnéticos biológicos y los artificiales. En la medida en que comprendemos que nuestra naturaleza es electromagnética, resulta evidente que al estar expuestos a dispositivos y tecnologías eléctricas y electrónicas se producen interacciones. Esas interacciones tienen dos caras: una es la de la electroterapia, cuando la energía se utiliza con fines beneficiosos; la otra es la de la electropolución, cuando la exposición resulta dañina. No podemos negar ninguna de las dos. Ambas existen y forman parte de la realidad actual.

Pero quizá el objetivo más importante de todos sea ayudarte a desarrollar criterio propio. La información, por sí sola, no transforma. Lo que realmente importa es que te permita pensar por ti mismo, tomar decisiones informadas y discernir qué tecnologías, métodos o prácticas tienen sentido y cuáles no lo tienen tanto.

Vivimos una época en la que la medicina del siglo XXI será, al menos en parte, electromagnética. Cada día aparecen nuevos dispositivos, terapias y herramientas que prometen resultados extraordinarios. Sin embargo, el verdadero cambio ocurre cuando aprendemos a comprender lo que hay detrás, cuando dejamos de depender de la opinión externa y recuperamos nuestra capacidad de discernir.

Y este aprendizaje no está reservado a especialistas. Este cuaderno está diseñado para todos: personas con formación científica o sin ella, terapeutas, médicos, y quienes simplemente sienten curiosidad por entender la vida desde otra perspectiva. Todos podemos aprender a pensar por nosotros mismos, si nos damos el permiso de hacerlo.

En última instancia, este recorrido tiene un propósito profundo: ayudarte a recuperar tu capacidad de pensar por ti mismo. Vivimos en una época en la que la información nos rodea, pero gran parte de ella se convierte en ruido si no sabemos cómo integrarla. Por eso, mi deseo es que este conocimiento te sirva no solo para aprender cosas nuevas, sino para ganar autonomía de pensamiento e incluso para que tengas más herramientas que te permitan tener una vida más plena.

Como suelo decir, se trata de dejar de ser pensados —es decir, de aceptar pasivamente lo que otros piensan por nosotros— y empezar a pensar por nosotros mismos. Ese es el primer paso hacia una verdadera libertad interior, tanto en la ciencia como en la vida cotidiana.

Mi compromiso es ofrecerte información rigurosa, presentada en un formato que resulte comprensible y accesible, independientemente de tu formación previa. No hace falta ser científico para comprender la energía de la vida; basta con mantener la mente abierta y la curiosidad viva.

Así comienza este viaje. Un viaje hacia una comprensión más amplia de lo que somos, donde la bioenergía deja de ser una palabra técnica para convertirse en una experiencia vital: la expresión misma de la vida en movimiento.

CAPÍTULO 1
INTRODUCCIÓN

El misterio de las salamandras

Quiero comenzar esta introducción con una anécdota, una historia real que nos invita a mirar la vida desde otro lugar. El médico e investigador Robert Becker, en su libro *The Body Electric* (*El cuerpo eléctrico*)[3], relataba un experimento fascinante sobre un pequeño pero asombroso animal: la salamandra.

Becker las llamaba *las misteriosas salamandras* porque poseen una capacidad de regeneración realmente extraordinaria. Cualquier parte de su cuerpo que se les ampute —una pata, la cola o incluso el corazón— puede volver a crecer. Este fenómeno ha sido objeto de estudio durante décadas, porque los seres humanos, a diferencia de ellas, no sabemos hacerlo.

[3] https://en.wikipedia.org/wiki/Body_Electric

En los experimentos descritos, los científicos amputaban la mano de la salamandra y observaban cómo, en el extremo del miembro, comenzaba a formarse un pequeño abultamiento llamado *blastema*. En ese tejido se concentraban células que iniciaban el proceso de regeneración.

Hasta ahí, todo parecía claro. Pero la historia se complica cuando los investigadores, en un momento concreto del proceso, extraen ese blastema y lo implantan en otra parte del cuerpo, por ejemplo, en la cola. En algunos casos, el injerto —que originalmente estaba destinado a convertirse en una mano— terminaba transformándose en una cola. Sin embargo, en otros experimentos similares, ese mismo tipo de injerto sí regeneraba una mano.

La diferencia estaba en el momento del trasplante. Si habían transcurrido menos de diez días, el tejido parecía perder su "identidad" original y se adaptaba al nuevo entorno, formando una cola. Si pasaban más días, conservaba la instrucción inicial y generaba una mano.

Figura del libro "The body electric" – Robert Becker

Y aquí surge la gran pregunta: ¿Quién le dice a esas células lo que deben hacer? ¿Quién les indica si deben formar una mano o una cola?

Las células, por sí solas, son idénticas. El ADN es el mismo, el material biológico es el mismo. Entonces, si no son las células las que deciden, ¿de dónde proviene la información que las organiza?

Desde una mirada puramente materialista podríamos afirmar que el ADN da las órdenes, pero incluso el ADN necesita una señal que le indique qué parte del código activar y cuál no. Debe existir algo más —una especie de inteligencia organizadora— que se encuentra por encima de la bioquímica, guiando el proceso de forma precisa y coherente.

La comparación con el ser humano

El caso de las salamandras no deja de ser asombroso. No solo pueden regenerar sus patas o su cola: también son capaces de recrear órganos vitales. En el mismo libro de Becker aparece una imagen impactante que muestra cómo, para obtener una muestra de sangre suficiente, los investigadores cortaban el corazón de una salamandra.

Lo increíble es lo que sucede después: en apenas cinco minutos, el pequeño animal forma un coágulo que detiene la hemorragia, y en tan solo tres horas, regenera un corazón completamente nuevo.

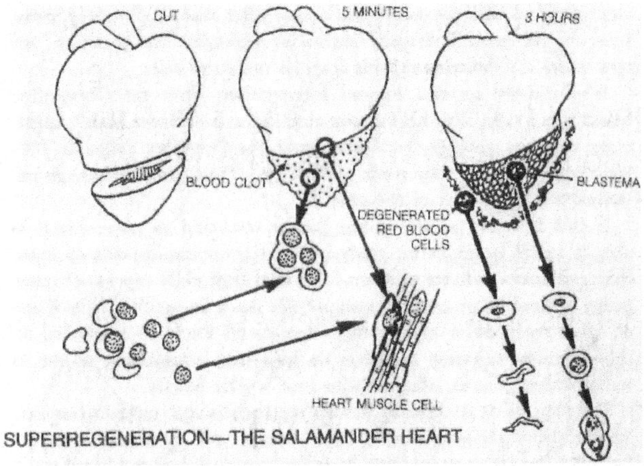

Figura del libro "The body electric" – Robert Becker

Resulta difícil de creer, pero es un hecho documentado. Y entonces surge otra pregunta inevitable: ¿por qué ellas sí pueden y nosotros no?

A simple vista, las salamandras no son tan distintas de nosotros. Tienen dos ojos, una boca, un sistema digestivo, un esqueleto... Su organización corporal guarda un paralelismo sorprendente con la nuestra. Sin embargo, poseen una capacidad regenerativa que nosotros hemos perdido o nunca desarrollamos.

Esta constatación nos lleva a una reflexión más amplia: ¿y si buena parte de lo que nos han contado sobre los límites de la biología humana no fuera tan cierto como creemos? ¿Y si, en lugar de reaprender, lo que necesitamos primero es desaprender muchas de las ideas con las que nos formaron?

Estas preguntas no son un ataque a la ciencia, sino una invitación a mirar de nuevo con asombro. Porque si un pequeño ser como la salamandra puede reconstruir su propio corazón en cuestión de horas, tal vez nuestra comprensión de la vida y sus posibilidades aún esté lejos de completarse.

La ciencia y su método

La ciencia es, en esencia, una forma de acceder al conocimiento. Nos ofrece un método, un camino que, en teoría, debería permitirnos acercarnos cada vez más a la verdad. Y su punto de partida debería ser siempre la humildad, esa actitud interior que reconoce que no lo sabemos todo y que precisamente por eso investigamos.

El verdadero científico comienza diciendo: *"no sé"*. Esa falta de certeza es lo que impulsa la curiosidad, lo que enciende el deseo de comprender. Por eso, el punto de partida de toda investigación debería ser una combinación de humildad, curiosidad y prudencia.

Sin embargo, cuando observamos el panorama actual, vemos que algo esencial se ha perdido por el camino. Nuestra ciencia, la que guía hoy la mayoría de las instituciones y publicaciones, parece haber reemplazado la humildad por la arrogancia. En lugar de abrir preguntas, proclama verdades absolutas. Nos encontramos con afirmaciones categóricas que no admiten discusión: *"esto es así porque lo dice tal fuente"*, *"porque así lo establece el consenso"*, o simplemente, *"porque lo digo yo"*.

Así, la ciencia —que nació para cuestionar los dogmas— corre el riesgo de convertirse en un dogma más. Y cuando la ciencia deja de ser diálogo y se vuelve autoridad incuestionable, pierde su alma: el espíritu de búsqueda.

Basta mirar la cantidad de resultados que, con el tiempo, han debido rectificarse o desmentirse. Los llamados "fact-checkers" y los propios organismos científicos publican cada año correcciones de aquello que antes se afirmaba con total seguridad. Lo que ayer era "verdad" hoy se reconoce como error o exceso de confianza.

Y no se trata simplemente de no haber sabido más, sino de haber olvidado la prudencia. La falta de humildad nos hace caer en la trampa de creer que ya lo sabemos todo, y en ese momento dejamos de observar, dejamos de aprender.

La verdadera ciencia —la que mantiene vivo el asombro— no teme equivocarse. Teme, más bien, dejar de hacerse preguntas.

El secuestro de la ciencia

Hay algo que resulta inevitable mencionar: nuestra ciencia ha sido secuestrada. Y no se trata de una frase exagerada. Este secuestro ha afectado no solo a las ciencias naturales, sino también a la filosofía, la historia, el arte y hasta la música. Prácticamente todas las áreas del conocimiento han sufrido una transformación profunda que las ha alejado de su propósito original: buscar la verdad con libertad.

En el campo de la medicina, este cambio tuvo un momento decisivo a principios del siglo XX, con la publicación del Informe Flexner[4]. Este documento marcó un antes y un después en la enseñanza médica. Fue impulsado por Abraham Flexner, bajo el patrocinio de la Fundación Carnegie y financiado por la Fundación Rockefeller.

¿Y qué proponía ese informe? Básicamente, un nuevo modelo de formación médica centrado en una visión materialista del ser humano. A partir de entonces, las facultades de medicina de Estados Unidos y Canadá —y posteriormente las del resto del mundo— fueron modificando sus programas para ajustarse a esa visión.

El ser humano pasó a ser entendido como una suma de partes, un conjunto de sistemas aislados que podían estudiarse por separado. El enfoque holístico desapareció y fue sustituido por la especialización extrema. La farmacología y la cirugía se establecieron como las únicas herramientas válidas de intervención, mientras que cualquier otro enfoque —energético,

---

[4] Flexner, Abraham (1910), *La educación médica en los Estados Unidos y Canadá: Informe a la Fundación Carnegie para el Avance de la Enseñanza* (PDF), Boletín n.º 4, Nueva York: Fundación Carnegie para el Avance de la Enseñanza, pág. 346,OCLC 9795002,

emocional o integrativo— fue relegado al margen o tachado de pseudociencia.

Así nació la medicina moderna, la del siglo XX: una medicina útil en muchos aspectos, sí, pero construida sobre una base reduccionista que dejó fuera una parte esencial del ser humano.

Cuando observamos las consecuencias de ese proceso, comprendemos que no se trató solo de una evolución académica, sino de un cambio de paradigma global. Lo que alguna vez fue una ciencia viva, abierta y dialogante, se convirtió poco a poco en un sistema jerárquico, sostenido por intereses económicos y por una estructura que decide qué se investiga, qué se publica y qué se silencia.

Y aunque este tema daría para un capítulo entero —y de hecho lo tendrá más adelante—, aquí basta con reconocerlo: la ciencia que hoy se nos presenta como neutral y objetiva no siempre actúa con independencia, y muchas veces responde más a intereses que a la búsqueda desinteresada del conocimiento.

La medicina del siglo XXI

Si observamos hacia dónde apunta la llamada medicina del siglo XXI, veremos que las tendencias oficiales dibujan un panorama muy distinto del que asociamos con el arte de sanar.

Basta hacer una búsqueda rápida para encontrar que los principales desarrollos se centran en temas como:

- Vacunas que pueden ser inyectadas, inhaladas o ingeridas mediante organismos genéticamente modificados.
- Impresión tridimensional de órganos, dentro de la llamada *ingeniería de tejidos*.
- Terapia génica, con tecnologías como CRISPR-Cas9, que permiten insertar o modificar secuencias de ADN.
- Implantes biónicos y el llamado *humano 2.0*, o *humano aumentado*.
- Big Data, inteligencia artificial y biosensores capaces de registrar en tiempo real nuestras funciones corporales.

Y entonces uno se pregunta: ¿Esto es realmente medicina? ¿O estamos entrando en el terreno de la robótica médica?

Porque si la medicina tiene como propósito preservar la vida, cuidar al ser humano y favorecer sus procesos naturales de equilibrio, resulta inquietante ver que los principales avances se orientan hacia la mecanización y la manipulación genética.

Cada modelo médico se sostiene sobre una visión determinada del ser humano. Si esa visión lo concibe como una máquina, el resultado lógico es una medicina que intenta repararlo como a una máquina: cambiando piezas, reprogramando circuitos o introduciendo sistemas artificiales.

Y aquí surge una reflexión necesaria: ¿cuál es la idea de ser humano que subyace detrás de esta "medicina del futuro"? Porque si el camino es ese, lo que se está configurando no es tanto una medicina del siglo XXI, sino una ingeniería del cuerpo humano.

La necesidad de un nuevo discernimiento

Llegados a este punto, la pregunta se vuelve inevitable: ¿qué significa realmente ser humano?

Si los primeros robots que se están desarrollando son capaces de realizar tareas de enfermería, vale la pena detenerse un momento y preguntarse qué se entiende por *profesional de la salud*. ¿Qué significa ser médico? ¿Qué significa cuidar? ¿Qué significa ser enfermera o enfermero?

Y más allá de eso: ¿qué significa ser humano?

Estas preguntas no son filosóficas en abstracto; son fundamentales si queremos comprender hacia dónde estamos yendo como civilización.

Estamos hablando de salud, de vida, de campos electromagnéticos... pero si no tenemos claro desde qué mirada lo hacemos, podríamos terminar sirviendo al mismo sistema que criticamos.

Por eso, a lo largo de este curso y de este libro, te invito a reflexionar y a cuestionar. Algunas ideas tal vez te resulten cercanas; otras, en cambio, podrían chocar con lo que has aprendido. Está bien. Ojalá ese desacuerdo no sea fruto del adoctrinamiento, sino del pensamiento propio. No tenemos por qué pensar todos igual. La riqueza del conocimiento surge precisamente de la diversidad de perspectivas. Por eso existen las sesiones de preguntas, los debates, los espacios para intercambiar ideas.

Porque discutir sobre creencias suele ser estéril: las creencias se defienden, no se examinan. Pero discutir sobre lo que pensamos, eso sí es fecundo. Pensar juntos nos permite abrir caminos, descubrir matices, y sobre todo, mantener viva la curiosidad.

Ese es, en el fondo, el propósito de todo este trabajo: recuperar el discernimiento, la libertad interior y la capacidad de pensar por uno mismo.

RESUMEN DEL CAPÍTULO 1

Este capítulo comienza con la historia de las salamandras relatada por Robert Becker en *The Body Electric*. Su capacidad para regenerar extremidades e incluso el corazón en pocas horas despierta una pregunta esencial: ¿quién dirige ese proceso? Si las células son las mismas y el ADN no cambia, debe existir algo que organiza y orienta la regeneración desde un nivel superior a la bioquímica, una inteligencia de la vida que actúa más allá de lo puramente material.

A partir de esta reflexión, cuestionamos la visión reduccionista que domina la ciencia moderna. La ciencia, nacida de la humildad y la curiosidad, se ha vuelto en gran parte dogmática y autoritaria, olvidando su propósito original de búsqueda. En medicina, este cambio se consolidó con el Informe Flexner, que instauró un modelo basado exclusivamente en la farmacología y la cirugía, marginando todo enfoque energético o integral del ser humano. De ahí surge la idea del "secuestro de la ciencia", cuando el conocimiento deja de ser libre y se somete a intereses económicos o ideológicos.

Es necesario revisar el rumbo que está tomando la medicina del siglo XXI, centrada en la ingeniería genética, la robótica y la inteligencia artificial, y tener un debate social urgente que aporte discernimiento. Antes de aceptar estos avances como inevitables, es necesario preguntarse qué idea de ser humano los sustenta. La bioenergía aplicada a la salud —como veremos en los capítulos siguientes— propone precisamente recuperar una comprensión más amplia y viva del ser humano, basada en la conciencia, la energía y la capacidad de pensar por uno mismo.

CAPÍTULO 2
RECUPERANDO EL LENGUAJE

Este capítulo lo he titulado Recuperando el lenguaje, porque antes de avanzar necesitamos asegurarnos de que hablamos el mismo idioma. Cuando hablamos de salud, enfermedad o vida, no basta con usar las mismas palabras: necesitamos acordar su significado. De lo contrario, corremos el riesgo de creer que estamos hablando de lo mismo cuando, en realidad, estamos diciendo cosas muy distintas.

Por eso, comencemos por lo más esencial: qué entendemos por salud y por enfermedad.

Redefiniendo salud y enfermedad

La enfermedad suele definirse como una colección de signos y síntomas a la que le damos un nombre. Es una descripción práctica, pero limitada. Además, estamos tan acostumbrados a definir la salud en negativo —como la *ausencia de enfermedad*— que casi hemos olvidado que la salud es algo mucho más profundo.

En la mayoría de los idiomas hablamos de *enfermedades* en plural, pero de *salud* en singular, como si existieran mil formas de enfermar pero solo una forma de estar bien. ¿No será al revés? Tal vez deberíamos invertir el orden y reconocer que la salud es el punto de partida, nuestro estado natural, y que la enfermedad es solo una alteración temporal en el proceso de mantener el equilibrio.

La salud, entonces, no es un acto médico ni algo que alguien pueda darnos o quitarnos. Es la expresión positiva de la vida. Por naturaleza, los seres vivos estamos diseñados para vivir, para mantenernos sanos y para expresar la vida que somos.

La vida como dualidad

Para comprender la salud, necesitamos comprender la vida, y la vida se manifiesta a través de la dualidad. Vivimos en un mundo de contrastes: día y noche, blanco y negro, sístole y diástole, inhalación y exhalación. Nuestro cuerpo entero está estructurado sobre pares complementarios: sistema nervioso simpático y parasimpático, arterias y venas, sodio y potasio, hemisferio derecho e izquierdo, masculino y femenino, amor y miedo.

La vida se expresa a través de la alternancia y el equilibrio entre opuestos, y en esa danza permanente se sostiene la salud. Cuando un patrón se repite bajo distintas formas, podemos intuir que encierra una verdad profunda: lo que se repite en todos los niveles suele ser esencial. Así, comprender la vida —y con ella la salud— implica aceptar esa continua transformación que ocurre entre los polos, esa oscilación que es, en sí misma, la manifestación del vivir.

La vida no comete errores

Uno de los grandes malentendidos de la biología moderna es la idea de que la vida se equivoca. Nos han hecho creer que enfermamos porque algo "falló": una célula cometió un error, un gen se desvió, un mecanismo se rompió. Pero la vida no funciona así. La vida no comete errores; se adapta.

Confundir la vida con un mecanismo ha sido uno de nuestros mayores errores. Una bicicleta, por ejemplo, no puede repararse sola. Pero un hueso roto sí se repara, una herida se cierra y una célula dañada se reemplaza. Los mecanismos solo pueden desgastarse; los organismos vivos también se regeneran.

Por eso, cuando aparecen síntomas, no significan que el cuerpo haya fallado, sino que está intentando recuperar el equilibrio perdido. Cada síntoma es una señal de adaptación, una expresión del esfuerzo del cuerpo por volver a su estado natural de armonía.

Escuchar los síntomas

Si escuchamos al cuerpo con atención, cada síntoma nos revela algo. El vómito o la diarrea, por ejemplo, son intentos de eliminar lo que no puede digerirse; la tos busca expulsar lo que no debería estar ahí; la fiebre acelera los procesos para resolver algo interno. El cuerpo sabe lo que hace.

Sin embargo, la medicina moderna, en lugar de acompañar esos procesos, tiende a reprimirlos. Ante la inflamación, damos antiinflamatorios; ante la tos, antitusivos; ante la fiebre, antipiréticos.
Vivimos en guerra con los síntomas, sin darnos cuenta de que al suprimirlos muchas veces interrumpimos el trabajo natural del cuerpo.

Lo que necesitamos no es ir en contra del cuerpo, sino ayudarlo a hacer lo que ya está intentando hacer.
El equilibrio al que tiende la vida no es estático: es un equilibrio dinámico, que se ajusta constantemente a los cambios internos y externos. Como decía Claude Bernard, la salud depende de la capacidad de adaptación. Y esa adaptabilidad es la esencia misma de la vida.

El cuerpo se cura a sí mismo

Me gusta repetir una frase que a algunos no les agrada: "nada cura a nadie." Y lo sostengo, porque ningún médico, técnica o aparato tiene el poder de curar. Lo único que realmente cura es la inteligencia de la vida misma, la sabiduría natural que habita en cada ser.

El terapeuta o el médico pueden acompañar, sostener, ofrecer recursos, pero es el propio cuerpo quien se sana. Cuando mi hijo se rompió el brazo, no hubo que explicarle a su organismo cómo soldar el hueso: el cuerpo ya lo sabía. De hecho, no había mucho que hacer más que esperar a que el hueso lo hiciera por si misma. Esa capacidad de autorregeneración es un milagro que damos por hecho, pero que deberíamos mirar con asombro y humildad.

Cada ser humano es un misterio. Y solo desde el respeto a ese misterio podemos realmente acompañar la vida y no pretender controlarla.

Modelos médicos y paradigmas de la salud

Cada medicina es, en el fondo, una forma de entender al ser humano. La medicina occidental —heredera del informe Flexner— adoptó una visión bioquímica y mecanicista. Otras medicinas tradicionales, como la china, la ayurvédica o las chamánicas, se basan en miradas más amplias, que incluyen la energía, las emociones y la relación con el entorno.

Incluso dentro del pensamiento occidental coexisten dos grandes paradigmas. Uno, derivado de Darwin, Pasteur, Descartes y Newton, concibe la vida como el resultado del azar y el error, y al ser humano como una máquina biológica que compite por sobrevivir. El otro, representado por Lamarck, Bechamp, Bernard, Pischinger y la física cuántica, entiende la vida como un proceso de cooperación, adaptación y unidad.

El primero genera una medicina de lucha: contra los virus, contra los síntomas, contra el cuerpo. El segundo propone una medicina de comprensión y acompañamiento, donde la salud es el resultado de la interacción armónica entre todos los niveles del ser.

Cuántas partes de ti reconoces

Para comprender la salud y la enfermedad, necesitamos preguntarnos: ¿cuántas partes de ti reconoces?
Si solo ves tu cuerpo físico o tu bioquímica, te pierdes gran parte de lo que eres.

Somos múltiples dimensiones (o, si prefieres, estructuras) interconectadas: una parte física, otra bioquímica, otra electromagnética —que es la que estudiaremos más a fondo—, una energética, una emocional, una mental y una espiritual. Todas forman parte del terreno, y todas influyen en nuestra experiencia de salud.

El cerebro tiende a dividir para poder observar, pero luego debemos integrar para poder comprender.
Aunque en este cuaderno nos enfoquemos en la parte electromagnética, no olvides que es solo una de las muchas formas en que la vida se manifiesta.

Responsabilidad, coherencia y confianza en la vida

La responsabilidad es la otra cara del poder. Solo cuando asumimos la responsabilidad de lo que vivimos, recuperamos la capacidad de transformarlo. Nada cambia sin voluntad, sin decisión, sin el coraje de pensar por uno mismo.

La coherencia, la consciencia y la confianza son las bases de esa transformación. Ser coherentes implica alinear lo que pensamos, sentimos y hacemos. Ser conscientes nos permite observar sin juicio. Y confiar en la vida nos abre a su sabiduría natural.

Nuestro cuerpo es profundamente sabio. Quizás no regeneremos un corazón como una salamandra, pero también somos capaces de procesos asombrosos. Solo necesitamos aprender a confiar, dejar de luchar contra nosotros mismos y recordar que la vida —con toda su inteligencia— siempre busca la manera de seguir adelante.

RESUMEN CAPÍTULO 2

Este capítulo propone volver al significado profundo de las palabras con las que hablamos de salud, enfermedad y vida. Plantea que la salud no puede definirse como la ausencia de enfermedad, sino como el estado natural del ser vivo, la expresión positiva de la vida en equilibrio. La enfermedad, en cambio, se entiende como un proceso temporal de adaptación y autorregulación. Para comprenderla, es necesario aceptar la dualidad como esencia de la vida: día y noche, inspiración y espiración, movimiento y reposo, amor y miedo. Todo lo vivo se organiza en pares complementarios que mantienen el equilibrio dinámico del sistema.

El texto subraya que la vida no comete errores: lo que llamamos "fallos" son respuestas del cuerpo que buscan recuperar el equilibrio perdido. Cada síntoma —una tos, una fiebre, un vómito— es un intento inteligente de curación. Por eso, en lugar de combatir los síntomas, deberíamos escucharlos y acompañar el proceso vital. De aquí surge una mirada diferente sobre la medicina: la verdadera curación ocurre cuando el cuerpo se autorregula; el terapeuta solo acompaña.

El capítulo concluye mostrando que cada modelo médico parte de una visión del ser humano.

Frente al paradigma mecanicista —que ve el cuerpo como máquina— se propone un enfoque vitalista, cooperativo y holístico, que integra todas las dimensiones del ser: física, bioquímica, electromagnética, emocional, mental y espiritual. Asumir responsabilidad, coherencia y confianza en la vida es, finalmente, la clave para recuperar el poder interior y vivir en armonía con la sabiduría natural del cuerpo.

CAPÍTULO 3

Visión General Del Bioelectromagnetismo Aplicado A La Salud

En este capítulo quiero ofrecerte una visión general del bioelectromagnetismo aplicado a la salud, tal como yo lo entiendo. No se trata de un resumen de libros ajenos, sino del resultado de mi propia práctica profesional y de años de investigación. He leído incontables publicaciones y textos científicos, pero lo que compartiré aquí es el fruto de mi forma de procesar la información, de integrar la ciencia con la experiencia directa y con la observación del cuerpo como campo energético vivo.

El bioelectromagnetismo me ha cautivado porque me permite tender puentes entre la ciencia y la consciencia, entre el conocimiento objetivo y la comprensión subjetiva de la vida. También me brinda herramientas para observar de manera más profunda cómo funcionamos, y al mismo tiempo me ofrece una mirada pragmática: cómo evaluar nuestro estado, cómo proponer tratamientos y, sobre todo, cómo comprender de forma más simple lo que nos ocurre.

La bioquímica es compleja y está llena de rutas y reacciones; el bioelectromagnetismo, en cambio, simplifica sin perder profundidad. A veces, la verdadera sabiduría está en la sencillez.

Los fundamentos energéticos de la vida

Decía Nikola Tesla:

> *"Si quieres encontrar los secretos del universo, piensa en términos de energía, frecuencia y vibración."*

Y afirmaba Albert Szent-Györgyi, premio Nobel por descubrir la vitamina C:

> *"Lo que dirige la vida no es más que una pequeña corriente eléctrica que viene del sol."*

Si lo pensamos bien, es una afirmación enorme: toda la vida es un proceso eléctrico. Y cuando decimos "eléctrico", debemos ampliarlo a electromagnético, porque los campos eléctricos y magnéticos son inseparables.

Comprender esto nos permite dar un salto conceptual sencillo pero profundo: pasar de la bioquímica a la bioelectricidad. No negamos lo químico, simplemente lo miramos desde un nivel más fundamental, desde la energía que sostiene la materia.

De la bioquímica a la electricidad: el ejemplo de la mitocondria

Vamos a comenzar a tender puentes entre formas de entender la vida. Vamos a viajar desde la mirada bioquímica hasta la electromagnética, y para ello voy a utilizar un parte de la célula que seguramente todos conocemos: la mitocondria.

La mitocondria es la pequeña central energética de la célula. Allí ocurre la llamada respiración celular, descrita en bioquímica como el ciclo de Krebs, cuya función es producir ATP —la molécula de la energía.

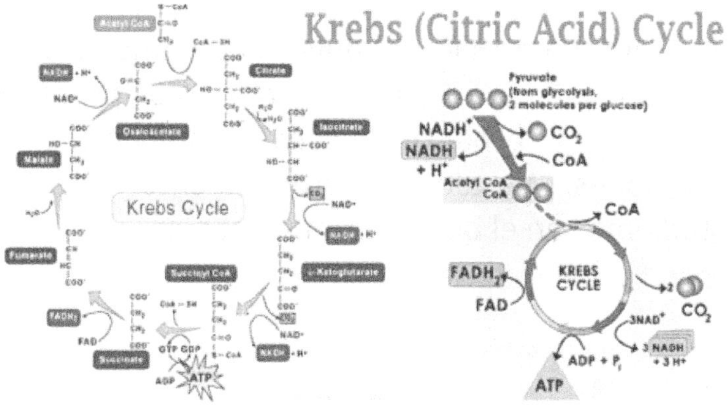

Cuando le preguntas a un biólogo qué es la energía, probablemente te responda: *ATP*. Pero si miramos más de cerca, esas reacciones que generan ATP no son más que movimientos de cargas eléctricas (electrones y protones).

Las moléculas se forman porque los átomos comparten electrones, y a eso lo llamamos "enlace químico". Así, el metabolismo puede entenderse como una danza de electrones que saltan de un estado energético alto a uno más bajo, liberando por el camino radiación electromagnética: calor (infrarrojo), radiofrecuencia, incluso luz visible o ultravioleta.

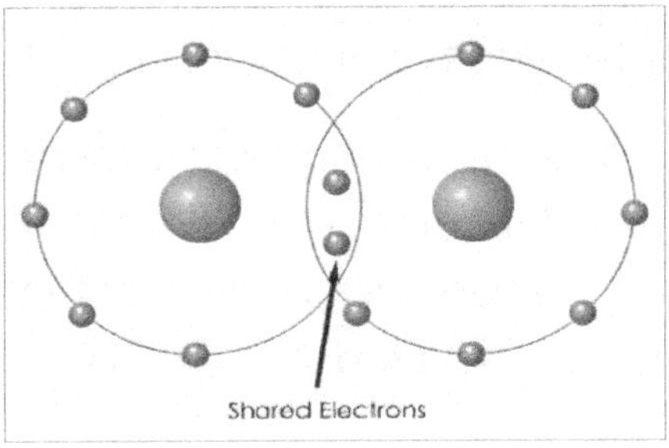

Por tanto, toda reacción química es también una reacción eléctrica. La vida no solo produce moléculas: produce corrientes, campos, radiaciones. Y eso es precisamente lo que estudiamos en el bioelectromagnetismo.

El lenguaje del cuerpo: corrientes y radiaciones

Dentro de la célula, la mitocondria no está aislada. Está conectada al citoesqueleto, a la matriz extracelular y a estructuras como los microtúbulos, todos ellos altamente polares y capaces de generar o conducir campos electromagnéticos.

Cuando la mitocondria realiza sus reacciones, la mitad de la energía se libera en forma de radiación —biofotones, radiofrecuencia, infrarrojo — y la otra mitad se almacena como ATP. Esa energía emitida se propaga por las estructuras del cuerpo, integrándose en una red electromagnética viva. Es decir, solo observando el proceso bioquímico dentro de la mitocondria, podemos comprender que los seres vivos emitimos también radiaciones electromagnéticas en (al menos) ⅔ del espectro electromagnético. Sí, somos seres que emiten luz.

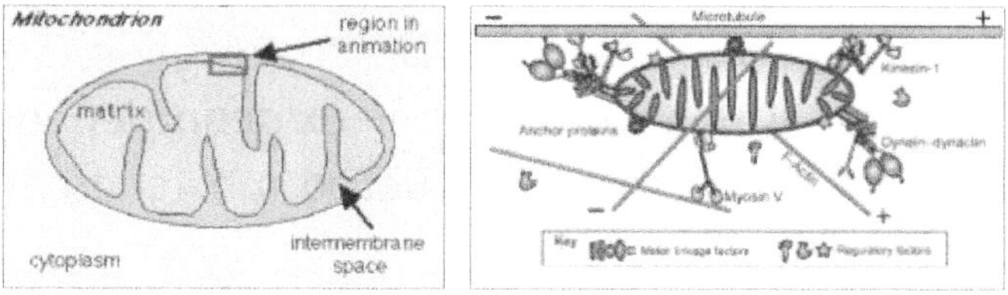

Representación de la mitocondria y el citoesqueleto

Desde esta mirada, podemos reducir la complejidad del metabolismo a tres conceptos esenciales que describen casi toda la fisiología electromagnética:

- **Potencial transmembrana** —el voltaje que se establece entre el interior y el exterior de cada membrana celular.
- **Resonancia** —la capacidad de vibrar en respuesta a una frecuencia específica.
- **Coherencia** —el grado de orden y sincronía de esas vibraciones en el conjunto del sistema.

Con solo estos tres principios podemos describir de forma elegante muchos procesos vitales que, en bioquímica, requerirían páginas de fórmulas.

Voltaje y metabolismo

El voltaje celular (potencial transmembrana) determina buena parte del metabolismo. Por ejemplo, en la respiración celular, si hay oxígeno disponible, una molécula de ácido graso puede generar 38 moléculas de ATP; sin oxígeno, solo dos. La capacidad de absorber oxígeno depende del potencial eléctrico del cuerpo, un fenómeno conocido como efecto Bohr.

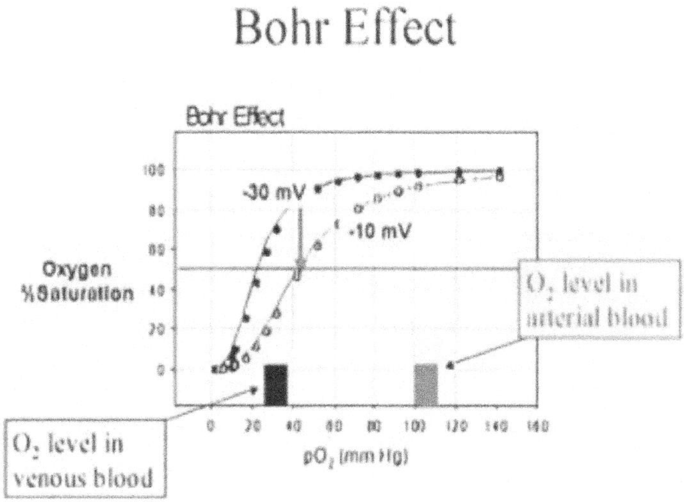

Cuando el voltaje disminuye, el cuerpo no puede absorber oxígeno con eficacia, y todo el metabolismo cambia. Un voltaje equilibrado mantiene un pH y un potencial redox adecuados y, con ello, un terreno propicio para la vida.

Y aquí entra una idea clave del paradigma del terreno: el organismo no "se infecta" desde fuera, sino que genera internamente las formas biológicas necesarias para adaptarse al nuevo estado del entorno. Cambios en el pH o en el potencial redox pueden dar lugar a bacterias, hongos o parásitos, no como enemigos, sino como agentes de restauración del equilibrio.

Las grandes preguntas

Si la vida es eléctrica, entonces surgen muchas preguntas:

- ¿De dónde viene ese voltaje?
- ¿Dónde se almacena y cómo se pierde?
- ¿Por qué a veces “nos descargamos”?
- ¿Cómo podemos recuperarlo o medirlo?

Estas preguntas son las que impulsan toda una nueva manera de estudiar el cuerpo, no solo como estructura física, sino como sistema energético dinámico. Algunas de ellas las abordaremos en este libro, y otras quedarán abiertas como invitaciones para seguir explorando.

La fisiología electromagnética

Del mismo modo que reconocemos estructuras físicas —huesos, músculos, órganos—, también podemos identificar estructuras electromagnéticas. Los nervios son solo una parte visible de esa red eléctrica. Existen otros sistemas menos conocidos pero igualmente reales:

- El sistema perineural, responsable de las corrientes de lesión.
- Los circuitos eléctricos biológicamente cerrados, descritos por Nordström.

- El sistema primovascular, una red sutil vinculada a la conducción energética.
- Los microtúbulos, que actúan como fibras ópticas para los biofotones.
- Las proteínas semiconductoras, que facilitan el flujo de cargas eléctricas.

Todo ello compone lo que llamamos fisiología electromagnética: una visión coherente y científica del cuerpo como red de corrientes, voltajes y frecuencias interdependientes.

Esta nueva comprensión se apoya en el trabajo de muchos investigadores y pioneros —Szent-Györgyi, Lakhovsky, Becker, Bohr, Lund, Warburg, Mei-Wan Ho, Fröhlich, Pollack, Del Giudice, Benveniste, Montagnier y tantos otros— que han abierto camino a una ciencia viva, integradora y honesta, no sujeta a intereses económicos ni a dogmas reduccionistas.

Materia, energía e información

Aquí quiero hacer un pequeño comentario sobre algo que resume la base de mi trabajo: la conformación de la realidad en 3 niveles, que son materia, energía e información. Solo cuando comprendemos la realidad de una forma más amplia, podemos empezar a encontrar otro tipo de respuestas.

Este modelo que propongo es el que aprendí de la física clásica. Y se puede comprender de forma muy sencilla. Un simple imán puede ayudarnos a visualizar esta tríada y la relación entre cada componente. Imagina un imán sobre la mesa. Cuando colocamos limaduras de hierro alrededor, observamos cómo la materia se ordena siguiendo las líneas del campo magnético.

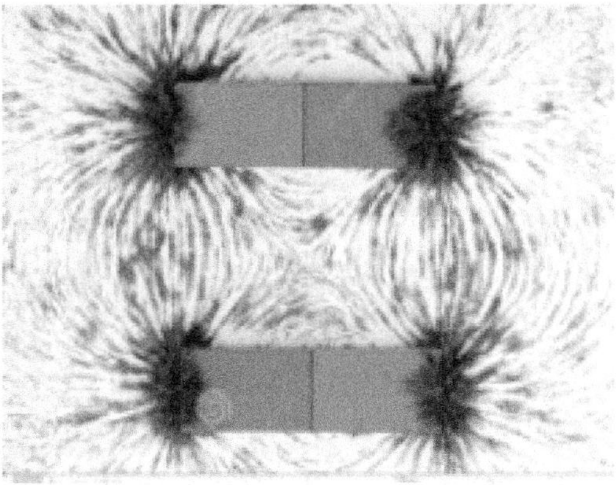

La **materia** se organiza según la **energía**, y la energía responde a una **información**. Podríamos decir que la jerarquía fundamental del universo es: información → energía → materia. La información son los códigos que dirigen la energía, la cual modifica y conforma (da forma) la materia.

Y si miramos dos imanes cercanos, notamos que sus campos se entrelazan sin fronteras. No hay una línea que diga "aquí termina uno y comienza el otro". Del mismo modo, nuestros campos electromagnéticos personales no se detienen en la piel. Se expanden e interactúan con los de los demás y con el entorno.

Si comprendemos esto, dejamos de vernos como individuos aislados. Cuidar la naturaleza no es cuidar algo externo: es cuidar parte de nosotros mismos. Somos sistema dentro del sistema, campo dentro del campo.

Interferencia y relación

Imagina dos piedras lanzadas a un lago. Sus ondas se cruzan, se superponen y crean patrones de interferencia.

Así ocurre también entre los seres humanos y entre los campos naturales o artificiales: toda interacción genera transformación mutua. Cada encuentro nos cambia a ambos. No existe tal cosa como “yo influyo pero no soy influido”; la vida es un tejido continuo de interferencias y resonancias.

Lo mismo sucede con las fuentes electromagnéticas artificiales que nos rodean: antenas, routers, teléfonos, sistemas inalámbricos. Todas generan campos que interactúan con los nuestros. Miles de estudios han documentado sus efectos biológicos, aunque no siempre se les dé la atención que merecen.

Comprender nuestra fisiología electromagnética no es un lujo teórico: es una necesidad vital en un mundo donde lo natural y lo artificial conviven. Solo entendiendo cómo funciona nuestra energía podremos mantener la coherencia, proteger la salud y vivir en equilibrio con nuestro entorno.

RESUMEN CAPÍTULO 3

En este capítulo presentas una síntesis personal del bioelectromagnetismo, resultado de tu práctica profesional y tu investigación. Explicas que esta disciplina tiende puentes entre ciencia y consciencia, ofreciendo una forma más simple y coherente de comprender la vida. La afirmación central es clara: la vida es un proceso eléctrico. Citando a Tesla y Szent-Györgyi, se introduce la idea de que la energía, la frecuencia y la vibración son la base de todos los procesos biológicos. Así, la bioquímica puede entenderse como una forma de bioelectricidad: cada reacción química es, en realidad, un movimiento de electrones que libera radiación electromagnética.

El cuerpo se presenta como un sistema de corrientes, voltajes y resonancias. La mitocondria, al producir energía, genera también radiación; las membranas celulares mantienen voltajes que determinan el metabolismo; y el equilibrio del terreno depende de parámetros eléctricos como el pH, el potencial redox o la conductividad. Cuando el voltaje cae, el cuerpo cambia su metabolismo y adapta su biología, mostrando que la vida responde siempre a leyes electromagnéticas.

Finalmente, el capítulo amplía la mirada hacia la fisiología electromagnética, describiendo redes naturales de conducción eléctrica —nervios, microtúbulos, proteínas semiconductoras— y recordando a los investigadores que abrieron este campo. Se explica cómo la materia se organiza según la energía, y cómo los campos no tienen fronteras: todos estamos inmersos en un mismo tejido electromagnético. Cada interacción, natural o tecnológica, produce interferencias que nos transforman. Por eso, comprender y cuidar nuestra fisiología electromagnética es una forma de vivir en coherencia con la naturaleza y con nosotros mismos.

CAPÍTULO 4

BASES DE ELECTRICIDAD

Ahora sí, nos ponemos serios. Antes de adentrarnos en la fisiología electromagnética y en las implicaciones del bioelectromagnetismo para la salud, necesitamos sentar unas bases sólidas de electricidad. No te preocupes si nunca te llevaste bien con la física: lo haremos paso a paso y con ejemplos sencillos.

La ciencia moderna sabe describir los fenómenos eléctricos con enorme precisión, pero eso no significa que los comprenda del todo. Sabemos cómo medir la electricidad, cómo controlarla y cómo utilizarla, pero aún no tenemos una definición completamente satisfactoria de lo que realmente *es*. La electricidad es un fenómeno observable, medible y aprovechable... pero sigue siendo, en el fondo, misterioso.

Por eso, este capítulo es un punto de partida. Vamos a mirar la electricidad con curiosidad y sencillez, entendiendo su lenguaje básico para poder después aplicarlo al cuerpo humano y a la vida.

Conceptos básicos de electricidad

Cuando abrimos un libro de física, suele decirse que la electricidad es un fenómeno asociado a las cargas eléctricas. Y aunque esa definición es técnicamente correcta, se queda corta. No explica de dónde surge la electricidad ni por qué ocurre. Ni siquiera hay una definición de "carga eléctrica" más allá de una propiedad de la materia, todavía inexplicable.

Podemos empezar definienco el concepto de **potencial eléctrico**: es la energía que hace falta para mover una carga desde un punto hasta otro. Cuando entre dos puntos existe una **diferencia de potencial**, se genera una fuerza que impulsa a las cargas a moverse. Esa diferencia se mide en voltios (V), y por eso también se le llama **voltaje (V)**.

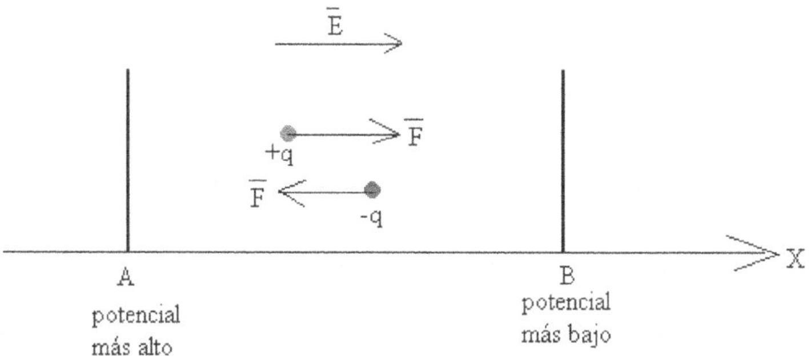

El movimiento de las cargas eléctricas constituye la **corriente eléctrica.** La cantidad de cargas que pasan por unidad de tiempo es la intensidad (**I**)**,** y se mide en Amperios (A). En la mayoría de los casos hablamos del desplazamiento de electrones, aunque en los sistemas biológicos también pueden moverse iones (partículas con carga positiva o negativa).

Para poder poner una imagen de qué sería realmente la intensidad eléctrica podríamos recurrir a una buena analogía. que es la del agua que fluye por un tubo. Si un extremo tiene más presión que el otro, el agua se moverá hacia la zona de menor presión. Lo mismo ocurre con las cargas: fluyen de donde hay exceso hacia donde hay carencia.

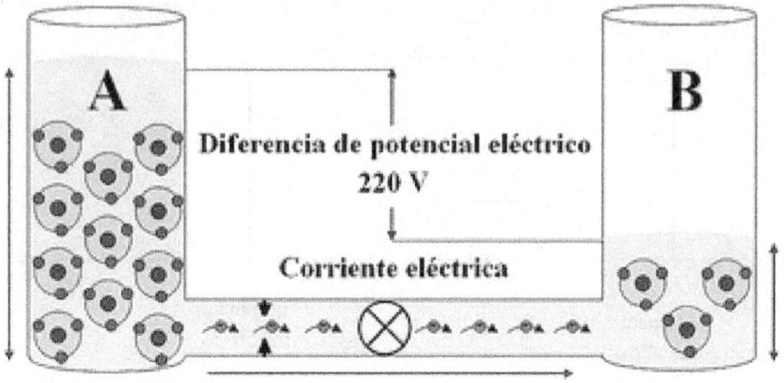

▪ Circulación de electrones desde el cuerpo A al B

Obviamente, esta explicación que estoy poniendo aquí es una simplificación muy grande de la realidad, pero nos ayuda a entender una realidad "menos material" (la electricidad), aunque apoyada en la idea de partículas. Tendríamos que conocer un poco sobre la física del éter para poder llegar a comprender lo que realmente es la electricidad y los campos electromagnéticos, pero eso excede el propósito de este cuaderno.

Conductores, aislantes y semiconductores

Los materiales no se comportan igual ante la electricidad. Podemos clasificarlos en tres grandes grupos:

Conductores: permiten que la corriente pase fácilmente. Los metales como el cobre, la plata o el oro son excelentes conductores.

Aislantes: impiden el paso de la corriente. Ejemplos: el plástico, la madera o la cerámica.

Semiconductores: permiten que la electricidad fluya de forma controlada. Son la base de toda la electrónica moderna y, curiosamente, también juegan un papel esencial en los procesos biológicos, como veremos más adelante, porque muchas estructuras del cuerpo funcionan como semiconductores naturales.

Corriente continua y corriente alterna

Existen dos formas principales de corriente eléctrica: continua (DC) y alterna (AC).

En la **corriente continua**, las cargas se mueven siempre en el mismo sentido y con una intensidad constante. Es la corriente que proporcionan las baterías o pilas.

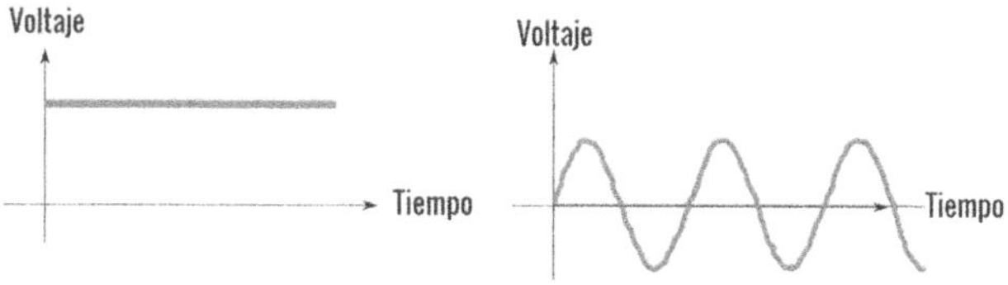

Corriente Continua Corriente Alterna

En la **corriente alterna**, en cambio, las cargas cambian de dirección periódicamente. Este movimiento se representa con una onda sinusoidal. Algunas palabras clave para entenderla son:

Amplitud: la altura de la onda, que representa la intensidad máxima.

Periodo: el tiempo que tarda en repetirse el ciclo.

Frecuencia: el número de veces por segundo que se repite la onda; se mide en hercios (Hz).

Longitud de onda: la distancia que hay entre dos crestas consecutivas.

Podemos representar las ondas según el tiempo (cómo varían) o según el espacio (la distancia entre repeticiones).

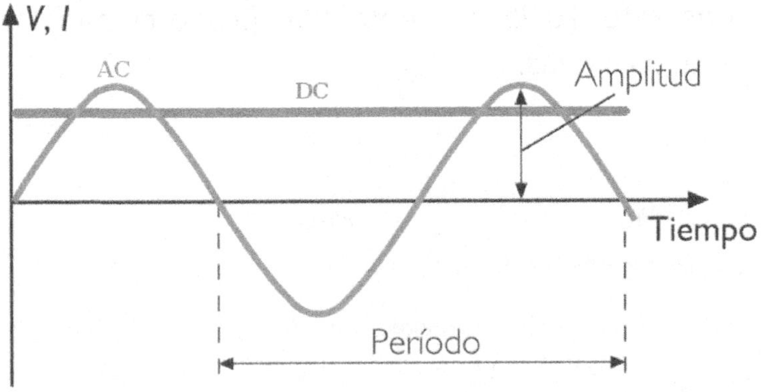

Comprender esto es fundamental, porque la vida también se expresa en ondas y frecuencias.

Electricidad y magnetismo: dos caras de un mismo fenómeno

Durante siglos se pensó que la electricidad y el magnetismo eran fenómenos distintos, hasta que un experimento cambió para siempre nuestra comprensión del mundo. El físico Hans Christian Ørsted, en 1820, observó que una aguja de brújula se desviaba cuando pasaba una corriente por un cable cercano.
Ese experimento demostró que **toda corriente eléctrica genera un campo magnético a su alrededor**.

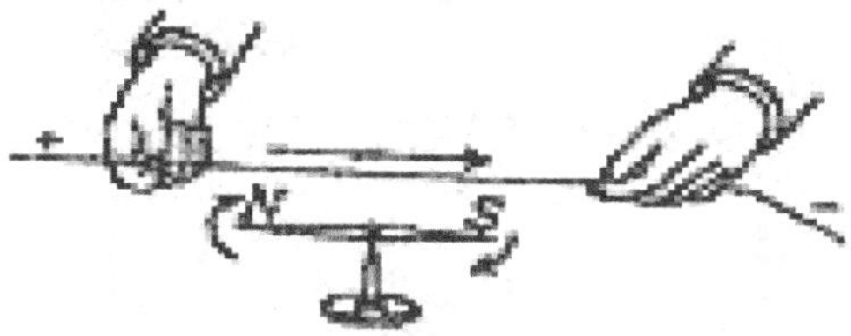

Más tarde, Michael Faraday descubrió lo contrario: que **un campo magnético variable puede inducir corriente eléctrica en un conductor.** Estas dos observaciones unieron definitivamente los conceptos de electricidad y magnetismo bajo un solo fenómeno: el **electromagnetismo**.

De aquí surgen leyes fundamentales como la ley de la mano derecha, que indica la dirección del campo magnético en torno a un cable, o la base de tecnologías como los campos electromagnéticos pulsantes (PEMF), utilizados hoy en terapias regenerativas.

El investigador Robert Becker, a quien ya hemos mencionado, aplicó precisamente este principio para estimular la regeneración tisular, demostrando que las corrientes inducidas pueden favorecer la curación natural.

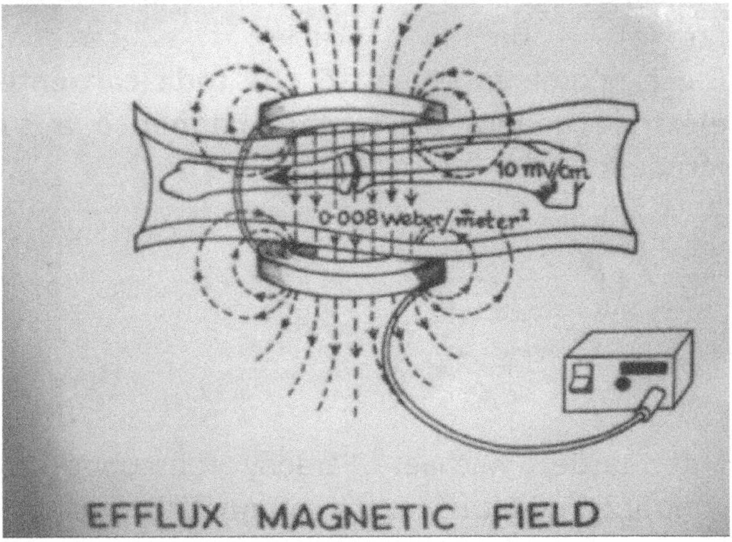

Elementos básicos de los circuitos eléctricos

Para comprender cómo se comporta la electricidad —y por analogía, cómo lo hace el cuerpo humano— necesitamos conocer los componentes básicos de un circuito.

Resistencia (R): mide la oposición al paso de la corriente. Cuanta más resistencia, menos flujo de electrones. Una buena metáfora es el tráfico: una carretera despejada deja pasar muchos coches; un embotellamiento reduce el flujo.

Condensador (C): también llamado *capacitor*, está formado por dos placas conductoras separadas por un material aislante. Sirve para almacenar energía eléctrica.
En corriente continua se carga una vez y mantiene la carga; en corriente alterna, se carga y descarga continuamente, generando un efecto de oscilación.

Bobina (L): es un hilo conductor enrollado en espiral. Al circular corriente, genera un campo magnético. Si el cable se enrolla muchas veces, los campos se suman. Si lo desenrollamos, los campos se cancelan. Al introducir un núcleo de hierro dentro de la bobina, el campo magnético se concentra, haciéndolo más potente.

Estos tres componentes —resistencia, condensador y bobina— constituyen el lenguaje básico de la electricidad y, como veremos, también de la fisiología electromagnética del cuerpo humano.

El circuito resonante: el baile entre condensador y bobina

Cuando un circuito contiene una bobina y un condensador, se establece un intercambio dinámico de energía. El condensador se carga, almacena energía eléctrica, y al descargarse la transfiere a la bobina, que la convierte en energía magnética. Luego la bobina devuelve esa energía al condensador, que vuelve a cargarse.

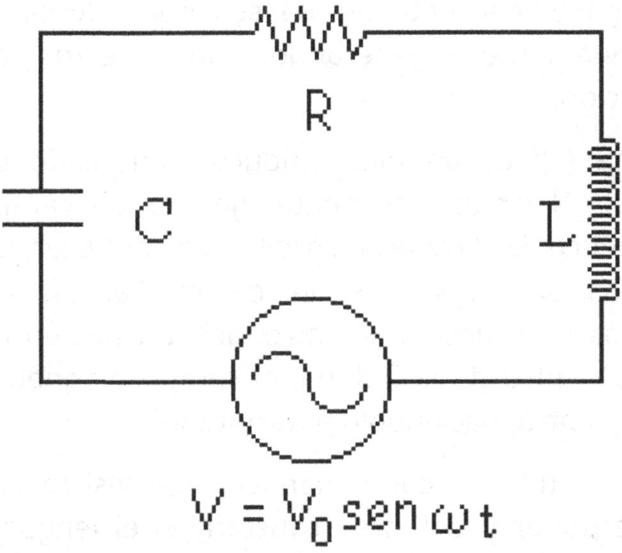

Así, el sistema oscila de manera rítmica: energía eléctrica [redacted] energía magnética. Esa oscilación ocurre a una frecuencia específica que depende de las características del condensador y la bobina.

Este fenómeno se llama **resonancia**, y constituye la base de muchísimas tecnologías (como la radio, los circuitos de comunicación o la resonancia magnética), pero también de muchos procesos biológicos naturales. El cuerpo, al igual que un circuito, resuena. Cada célula, cada órgano y cada tejido tienen su frecuencia de oscilación característica.

De la corriente a la radiación

Hasta ahora hemos hablado de corriente, es decir, del movimiento de partículas cargadas. Pero cuando ese movimiento se acelera o varía, se produce algo nuevo: una **radiación electromagnética.**

Podemos describir una onda electromagnética mediante varios parámetros:

Amplitud: la altura de la onda, que indica la intensidad.

Periodo: el tiempo entre repeticiones.

Frecuencia: cuántas veces por segundo se repite el ciclo.

Longitud de onda: la distancia entre dos crestas consecutivas.

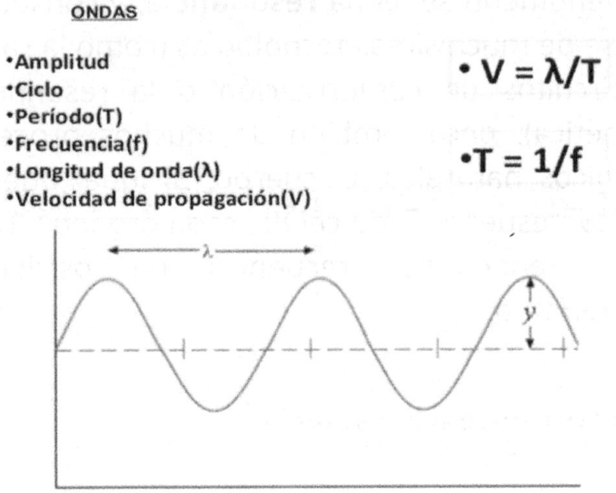

Cuando dos ondas coinciden, pueden interferir entre sí:

- Si sus crestas y valles coinciden, se refuerzan (interferencia constructiva).
- Si una cresta coincide con un valle, se anulan (interferencia destructiva).

Nuestro cuerpo también está formado por ondas, vibraciones y resonancias. Podemos decir que somos un conjunto de osciladores vivos, interactuando constantemente con los campos y frecuencias del entorno.

El espectro electromagnético

Todas las ondas electromagnéticas se ordenan en lo que llamamos espectro electromagnético, que abarca desde las frecuencias más bajas hasta las más altas. En un extremo están las ondas de radio, de gran longitud y baja energía. En el otro, los rayos gamma, de longitud mínima y altísima energía. Entre ambos encontramos las microondas, el infrarrojo, la luz visible, el ultravioleta y los rayos X.

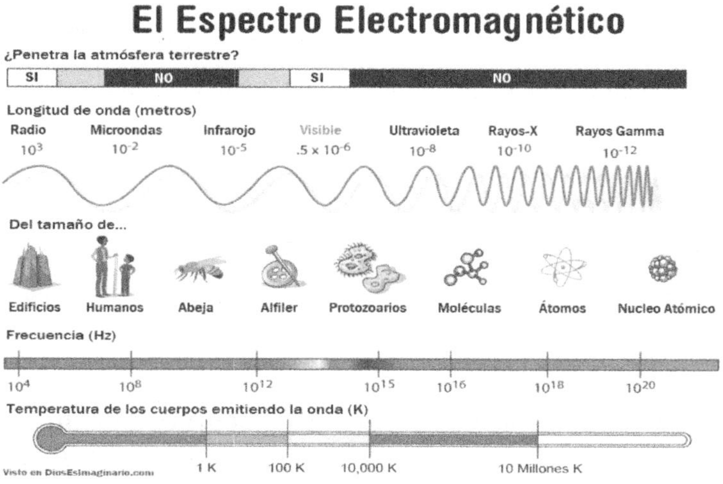

Existe una relación inversa entre frecuencia, longitud de onda y energía:

- A menor frecuencia → mayor longitud de onda → menor energía.

- A mayor frecuencia → menor longitud de onda → mayor energía.

Se suele dividir el espectro en **radiaciones ionizantes** (las que pueden romper enlaces químicos, como los rayos X o gamma) y **no ionizantes** (como la luz visible, infrarrojo o microondas).

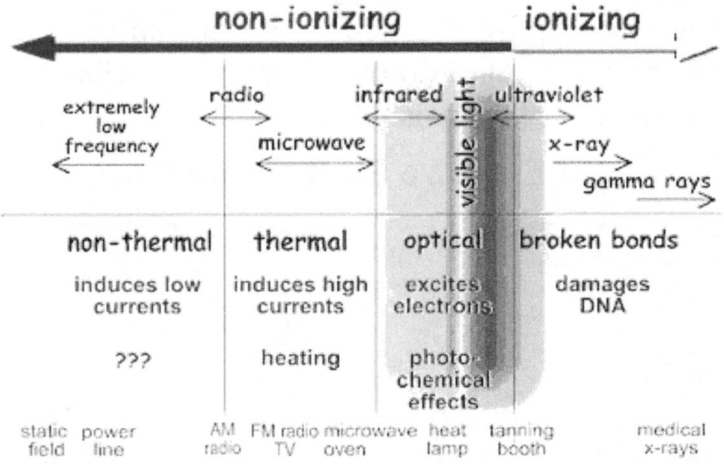

El problema es que, en el discurso oficial, se considera que solo las radiaciones ionizantes tienen efectos biológicos significativos. Sin embargo, los efectos no térmicos —los que no dependen del calor— son reales, medibles y están ampliamente documentados. Negarlos es cerrar los ojos a una parte fundamental del funcionamiento de la vida.

Las antenas y el cuerpo humano

Para terminar, hablemos de las antenas. Una antena es un dispositivo capaz de emitir o recibir energía electromagnética. Pero no hace falta que sea metálica: toda estructura que resuene en una frecuencia determinada actúa como antena.

Y esto incluye al cuerpo humano. Nuestras células, nuestras moléculas y hasta nuestro ADN se comportan como antenas biológicas, capaces de captar, emitir y modular frecuencias. El cuerpo entero es un sistema abierto que interactúa constantemente con los campos del entorno, tanto naturales como artificiales.

Comprender esta realidad nos permite ver que la bioelectricidad no es una metáfora, sino una dimensión tangible de nuestra fisiología. Somos, literalmente, seres electromagnéticos, vibrando y comunicándonos a través de la energía que nos constituye.

RESUMEN CAPÍTULO 4

Este capítulo introduce los fundamentos de la electricidad y el electromagnetismo como base para comprender la fisiología eléctrica del cuerpo. Comienza recordando que la ciencia puede describir con precisión los fenómenos eléctricos, pero aún no comprende del todo su naturaleza. La electricidad se presenta como una manifestación observable y misteriosa a la vez, que requiere una mirada sencilla pero profunda para conectar sus leyes con la vida. Se explican los conceptos esenciales de potencial, corriente, conductores, aislantes y semiconductores, y la diferencia entre corriente continua y alterna, mostrando cómo todo flujo de energía se expresa en forma de ondas, frecuencias y ritmos.

El capítulo también recorre los descubrimientos de Ørsted y Faraday, que revelaron que la electricidad y el magnetismo son dos aspectos de un mismo fenómeno. A partir de ahí se describen los componentes básicos de un circuito —resistencia, condensador y bobina— y el principio de la resonancia, el intercambio rítmico entre energía eléctrica y magnética que sostiene tanto las tecnologías humanas como los procesos vitales. Esta oscilación da origen a la radiación electromagnética y explica por qué el cuerpo puede entenderse como un conjunto de osciladores vivos que vibran e interactúan con el entorno.

Finalmente, se presenta el espectro electromagnético, desde las ondas de radio hasta los rayos gamma, diferenciando entre radiaciones ionizantes y no ionizantes, y subrayando la existencia de efectos biológicos no térmicos. El capítulo concluye con una idea clave: el cuerpo humano, sus células y su ADN funcionan como antenas biológicas, capaces de emitir, recibir y modular frecuencias. Comprender esto nos lleva a reconocer que la bioelectricidad no es solo una metáfora, sino una dimensión real y esencial de la vida.

CAPÍTULO 5

BASES DE BIOLOGÍA MOLECULAR Y CELULAR

Antes de continuar con temas más complejos de bioenergía y fisiología electromagnética, es importante detenernos un momento para revisar las bases de la biología. Necesitamos asegurarnos de que todos manejamos el mismo vocabulario y comprendemos las estructuras fundamentales de la vida, porque más adelante hablaremos de ellas desde un punto de vista energético.

Puede parecer un repaso básico, pero en realidad nos ayudará a poner orden en conceptos que solemos dar por supuestos. Así que, con un tono ligero —porque la biología también puede disfrutarse—, empecemos por recordar cómo se organiza la materia viva.

Niveles de organización de la materia viva

La biología estudia la vida en distintos niveles de complejidad. Podemos ir desde el organismo completo hasta los sistemas, luego a los órganos, los tejidos, las células, las moléculas y finalmente al nivel químico. El cuerpo humano está formado por una enorme cantidad de elementos que se agrupan de manera armónica.

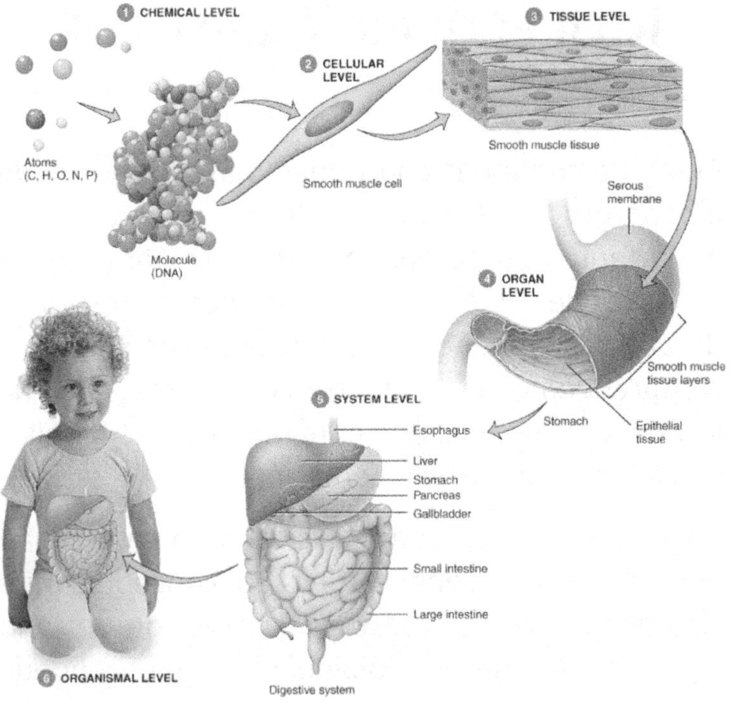

Si lo analizamos por composición, veremos que aproximadamente el 85 % de nuestro cuerpo es agua, alrededor del 5 % son minerales y el resto se reparte entre las cuatro moléculas orgánicas básicas que sostienen la vida: ácidos nucleicos, proteínas, carbohidratos y lípidos.

COMPOSICIÓN QUÍMICA DE LA CÉLULA ANIMAL

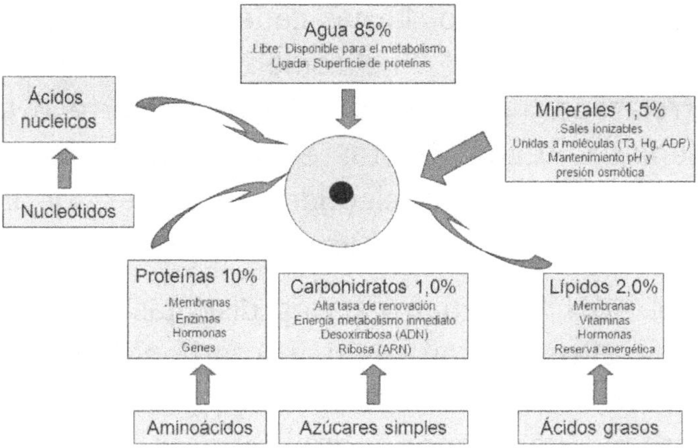

Stevens y Lowe, 1995

De modo que, aunque nos sintamos muy sólidos, somos esencialmente agua. Eso nos convierte, con algo de humor, en "bolsas de gelatina caminantes", capaces de mantener una forma y una coherencia gracias a una precisa organización interna.

En nosotros coexisten el reino mineral —por nuestros huesos y sales— y el reino orgánico, que nos da flexibilidad, adaptabilidad y vida.

Las moléculas de la vida

Ácidos nucleicos

Los ácidos nucleicos (ADN y ARN) son las moléculas portadoras de la información genética. Están formados por largas cadenas que adoptan una estructura helicoidal: dos hélices entrelazadas, enrolladas como un resorte o un solenoide. Cada hebra está compuesta por unidades llamadas nucleótidos, formadas por una base nitrogenada, un azúcar y un grupo fosfato.

En el ADN hay cuatro bases distintas (adenina, timina, citosina y guanina), y su orden determina la secuencia de información. Esas cadenas no solo guardan los planos para fabricar proteínas; también actúan como estructuras resonantes, capaces de captar y emitir frecuencias, algo que exploraremos más adelante.

Proteínas

Las proteínas son quizá las moléculas más versátiles de la vida. Están formadas por aminoácidos —de veinte tipos distintos— que se combinan en cadenas largas. Dependiendo del orden y la manera en que esas cadenas se pliegan, adoptan formas muy diversas: hélices, láminas, espirales, entramados tridimensionales. Las proteínas son los ladrillos constructivos del cuerpo: forman parte de los músculos, enzimas, hormonas, anticuerpos, receptores... prácticamente de todo.

Carbohidratos

Los azúcares o carbohidratos son compuestos formados por carbono, hidrógeno y oxígeno. Su fórmula general es $C_nH_{2n}O_n$, lo que significa que por cada átomo de carbono hay dos de hidrógeno y uno de oxígeno, igual que en el agua. Los carbohidratos pueden ser simples —como la glucosa o la fructosa— o complejos, como el almidón o la celulosa. Su función principal es proveer energía, pero también participan en procesos de reconocimiento celular y comunicación.

Lípidos

Los lípidos incluyen las grasas, los aceites, el colesterol, los fosfolípidos y muchas vitaminas. Aunque solemos asociarlos a algo "malo", en realidad son estructurales y esenciales. Forman parte de las membranas celulares, sirven de reserva energética y actúan como precursores hormonales.

Su comportamiento depende de la temperatura y de la proporción entre grasas saturadas e insaturadas, lo que influye directamente en la fluidez de las membranas.

El agua: el medio de la vida

El agua merece un apartado propio. A menudo se dice que es "inorgánica", pero eso no significa que esté separada de lo vivo. En realidad, el agua es la matriz que sostiene toda la bioquímica, la vida entera.

No hay reacción metabólica que ocurra fuera del agua. En su interior, las moléculas se agrupan, vibran, almacenan información y actúan como un medio conductor de señales electromagnéticas. Por eso, cuando hablamos de la fisiología electromagnética del cuerpo, el agua será protagonista: es el escenario donde se manifiestan los procesos energéticos que llamamos "vida".

La célula: unidad de vida

La célula se considera la unidad estructural y funcional de todos los seres vivos. Desde la perspectiva del terreno, sabemos que la unidad fundamental de la vida son los **simbiontes**, pero en este cuaderno, vamos a hablar de células también. En su interior encontramos un conjunto de orgánulos: el núcleo, las mitocondrias, el retículo endoplásmico, el aparato de Golgi, los lisosomas, y un citoesqueleto que da forma y soporte a la célula.

Pero lo más fascinante es su membrana plasmática, la frontera dinámica entre el interior y el exterior.
El modelo más aceptado para describirla es el del mosaico fluido: una bicapa de fosfolípidos en la que se insertan proteínas y moléculas de colesterol.

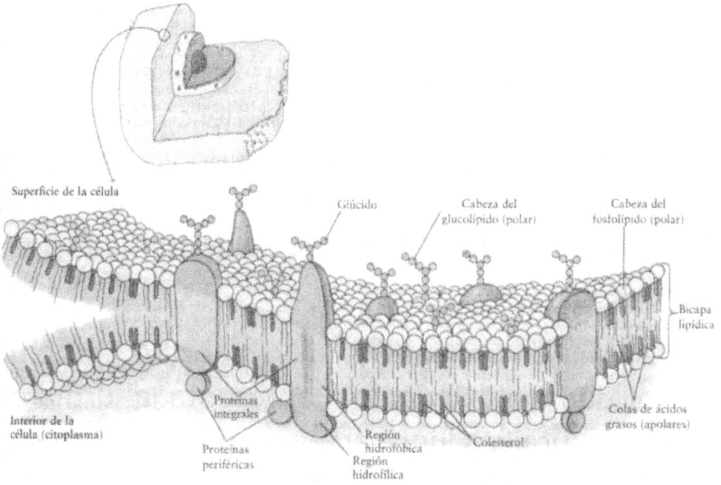

Los fosfolípidos tienen una parte hidrofílica (que ama el agua) y otra hidrofóbica (que la rechaza). Por eso se ordenan formando una doble capa donde las cabezas hidrofílicas miran hacia fuera y las colas hidrofóbicas se enfrentan entre sí. El colesterol se intercala entre los lípidos y regula la rigidez de la membrana: demasiado colesterol la vuelve dura y menos permeable; muy poco, la hace frágil.

Las proteínas de membrana actúan como canales, receptores o antenas, permitiendo que la célula se comunique con su entorno. Esta interacción eléctrica y vibracional será esencial cuando hablemos de bioenergía celular.

La geometría de la vida

Si observamos con atención las estructuras biológicas, descubrimos que la helicoidal es una forma recurrente. El ADN es una doble hélice; las proteínas se pliegan en hélices alfa; el colágeno y los microtúbulos también adoptan formas espirales.

La espiral es un patrón universal que combina estabilidad y movimiento. Representa la forma en que la naturaleza logra el equilibrio entre orden y dinamismo, y simboliza la continuidad de la vida a través del cambio.

Ver esta geometría en todos los niveles —desde la molécula hasta el organismo— nos ayuda a comprender que la vida es coherencia en movimiento, un flujo de información que se organiza según leyes energéticas y geométricas.

Conclusión

Este repaso por las bases de la biología nos prepara para dar el siguiente paso: comprender cómo todo este entramado molecular y estructural se organiza también desde lo electromagnético. Porque, más allá de las moléculas, los tejidos y los órganos, la vida es un proceso vibrante y eléctrico que se expresa a través de esta materia viva.

Ahora que conocemos la estructura, podremos adentrarnos en la energía que la anima, el siguiente gran tema de nuestro recorrido.

RESUMEN DEL CAPÍTULO 5

Este capítulo repasa los fundamentos estructurales de la vida con el propósito de unificar el lenguaje antes de avanzar hacia la comprensión energética del cuerpo. La materia viva se organiza en distintos niveles —desde el organismo hasta las moléculas y el nivel químico — y se compone principalmente de agua (85 %), minerales (5 %) y de las cuatro familias moleculares esenciales: ácidos nucleicos, proteínas, carbohidratos y lípidos. Casi podríamos decir que somos como "bolsas de gelatina caminantes" donde conviven lo mineral y lo orgánico, y que el agua no es un elemento pasivo, sino la matriz activa que sostiene toda la bioquímica y la comunicación electromagnética del organismo.

Los ácidos nucleicos (ADN y ARN) guardan la información genética y funcionan como estructuras helicoidales resonantes. Las proteínas, formadas por aminoácidos, constituyen la arquitectura del cuerpo; los carbohidratos proporcionan energía y reconocimiento celular; y los lípidos regulan la fluidez de las membranas, actuando también como precursores hormonales. La célula se presenta como la unidad de vida, con su membrana descrita en el modelo de mosaico fluido, donde los fosfolípidos, el colesterol y las proteínas crean un sistema dinámico de comunicación y permeabilidad que conecta interior y exterior.

El capítulo concluye destacando la presencia universal de la espiral en las estructuras biológicas —del ADN al colágeno y los microtúbulos— como símbolo de coherencia y movimiento. Esta geometría muestra que la vida es un flujo ordenado de energía e información que se expresa en formas materiales. Con este repaso biológico, de lo estructural a lo dinámico, se sientan las bases para comprender que la biología y la energía son inseparables, y que detrás de toda forma viva hay un principio electromagnético que la organiza.

CAPÍTULO 6

BIOELECTROMAGNETISMO

Cuando añadimos el prefijo bio a cualquier palabra, le damos un nuevo sentido. El término *electromagnetismo* ya describe un fenómeno físico fundamental: la relación inseparable entre la electricidad y el magnetismo. Pero al añadirle *bio*, hablamos de cómo esos fenómenos se manifiestan en los seres vivos.

El bioelectromagnetismo, entonces, estudia los procesos eléctricos, magnéticos y electromagnéticos en los sistemas biológicos. Nos permite comprender cómo las corrientes eléctricas y los campos magnéticos se originan dentro del cuerpo y cómo interactúan con él.

Para situarnos, recordemos brevemente el espectro electromagnético: ese continuo de frecuencias que abarca desde las más bajas (ondas de radio, microondas, terahercios) hasta las más altas (ultravioleta, rayos X, rayos gamma). Solo una pequeña franja —la luz visible— es perceptible por nuestros ojos. El resto, aunque invisible, está ahí, envolviéndonos.

En la naturaleza encontramos radiaciones de origen natural que atraviesan la atmósfera y hacen posible la vida. El sol, la tierra, el agua y hasta los seres vivos emiten y reciben radiación electromagnética. Somos, literalmente, sistemas radiantes en constante intercambio energético.

Tres formas de estudiar el bioelectromagnetismo

El bioelectromagnetismo puede abordarse desde tres perspectivas complementarias.

a) Medición de los campos biológicos
La primera consiste en observar y medir los campos eléctricos, magnéticos o electromagnéticos que genera el propio cuerpo. Ejemplos conocidos son el electrocardiograma (ECG), el electroencefalograma (EEG) o la termografía infrarroja. Cada uno registra un tipo de señal emitida por un órgano o tejido, y todos confirman que la vida produce electricidad.

b) Estimulación mediante campos externos
La segunda forma es estimular los tejidos vivos con corrientes o campos externos y analizar la

respuesta del terjido. Eso abre la puerta a dos campos: la electroterapia y la electropolución. En el lado positivo, encontramos la electroterapia, la magnetoterapia o los campos electromagnéticos pulsantes (PEMF), utilizados para favorecer la regeneración y aliviar el dolor. La idea es sencilla: al aplicar una frecuencia externa coherente, el cuerpo puede resonarla y recuperar su equilibrio energético.

c) Caracterización eléctrica y magnética de los tejidos

La tercera vía consiste en analizar las propiedades físicas de los tejidos —su conductividad, su capacidad, su resistencia o su susceptibilidad magnética— para comprender cómo se comportan frente a los campos eléctricos y magnéticos. Esta rama da lugar al estudio de la impedancia biológica, que se emplea, por ejemplo, para medir la composición corporal o la hidratación de los tejidos.

Estas tres formas —medir, estimular y caracterizar— constituyen el núcleo del bioelectromagnetismo clásico, es decir, aquel que describe los fenómenos sin entrar todavía en su dimensión más profunda o energética.

El potencial de acción: base del modelo clásico

Dentro del estudio del bioelectromagnetismo, el fenómeno más analizado es el potencial de acción. Es el fundamento de la fisiología eléctrica celular y el mecanismo con el que las neuronas, los músculos o el corazón generan y transmiten señales.

Según el modelo convencional, la membrana celular actúa como un condensador natural: dos capas conductoras (el interior y el exterior de la célula) separadas por una capa aislante de grasa. En reposo, entre ambos lados existe un potencial eléctrico de unos -90 milivoltios, conocido como potencial transmembrana.

Cuando la célula se activa, ciertos canales iónicos se abren y permiten el paso de cargas. El interior se vuelve más positivo, y esta despolarización viaja a lo largo de la membrana generando una corriente. Después, otros canales restablecen la diferencia inicial, produciendo la repolarización. Todo el proceso dura milisegundos y constituye el impulso nervioso o contracción muscular.

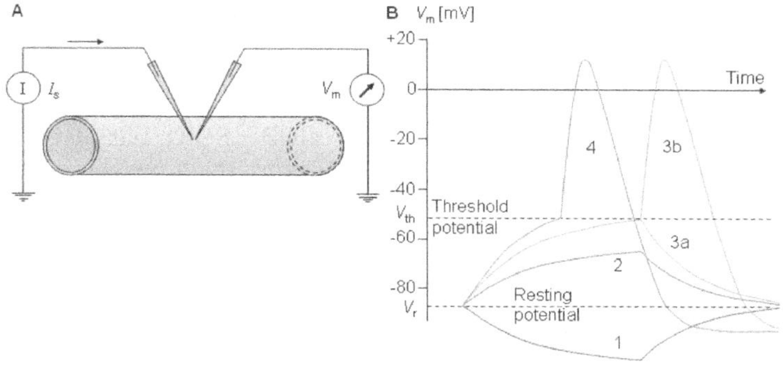

Este fenómeno fue descrito en detalle por Hodgkin y Huxley, quienes recibieron el Premio Nobel por su modelo. Su ecuación permitió reproducir matemáticamente el comportamiento de la célula y sentó las bases de la neurofisiología moderna.

Los límites del modelo materialista

Sin embargo, este modelo —tan útil y preciso— sigue siendo parcial. Describe cómo ocurre el fenómeno, pero no por qué ocurre. Explica el mecanismo, pero no qué lo inicia ni qué lo dirige. Si la membrana es un condensador, ¿qué determina el momento exacto en que se abre o se cierra un canal? ¿Qué "decide" a nivel celular cuándo emitir una señal o detenerla?

La fisiología moderna responde con descripciones bioquímicas, pero esas descripciones no alcanzan a explicar el principio organizador subyacente. Mide el efecto, pero no la causa.

Por eso, comprender la vida solo desde la bioquímica es como estudiar una sinfonía midiendo las vibraciones del aire sin escuchar la música. El fenómeno físico es real, pero hay una información y una coherencia que lo ordenan.

Para avanzar hacia una comprensión más completa, necesitamos integrar los conceptos de frecuencia, resonancia y coherencia, que permiten entender cómo la energía vital se organiza en torno a patrones electromagnéticos armónicos. Solo así podremos pasar del nivel descriptivo al nivel comprensivo del fenómeno de la vida.

Conclusión

El bioelectromagnetismo es el puente entre la biología y la física. Nos permite ver la vida no solo como un conjunto de reacciones químicas, sino como un campo dinámico de energía e información.

Medir, estimular y caracterizar son los primeros pasos. Pero el verdadero reto es comprender cómo la energía se organiza en forma de vida, cómo la coherencia se traduce en salud, y cómo la pérdida de esa coherencia genera desequilibrio o enfermedad.

Este será el camino de los próximos capítulos: integrar lo físico, lo eléctrico y lo energético en una visión unificada del ser humano.

RESUMEN Capítulo 6

Este capítulo introduce el concepto de bioelectromagnetismo como el estudio de los fenómenos eléctricos y magnéticos en los seres vivos. Parte del recordatorio del espectro electromagnético, donde la vida se desarrolla gracias a la interacción constante con radiaciones naturales, visibles e invisibles. Añadir el prefijo *bio* al electromagnetismo significa reconocer que la electricidad y el magnetismo no son solo fenómenos físicos, sino también procesos vitales. La vida emite, capta y organiza energía electromagnética, y ese intercambio constituye una dimensión fundamental de la biología.

El capítulo distingue tres formas de estudiar el bioelectromagnetismo: medir los campos que genera el cuerpo (como en el electrocardiograma o el electroencefalograma); estimular los tejidos mediante campos externos (electroterapia, magnetoterapia, campos pulsantes); y caracterizar las propiedades eléctricas y magnéticas de los tejidos (resistencia, capacitancia, impedancia). Estas tres perspectivas conforman el marco clásico del bioelectromagnetismo, que describe la vida en términos de corrientes, voltajes y conductividad.

En su parte final, presenta el potencial de acción, base del modelo clásico de la neurofisiología: la membrana celular actúa como un condensador natural, donde una diferencia de potencial —de unos -90 mV en reposo— se modifica para generar impulsos eléctricos. Este modelo, formulado por Hodgkin y Huxley, describe el "cómo", pero no el "por qué". A través de esta crítica al reduccionismo materialista, el capítulo abre la puerta a una comprensión más amplia basada en frecuencia, resonancia y coherencia, conceptos que permitirán explicar cómo la energía vital se organiza en patrones electromagnéticos que sostienen la vida.

CAPÍTULO 7

Breve Historia Del Bioelectromagnetismo

Cuando hablamos de bioelectromagnetismo, es fácil pensar que se trata de un campo moderno, nacido con la tecnología digital o con los nuevos equipos terapéuticos. Sin embargo, su historia es mucho más antigua. Antes de que existieran las máquinas de biorresonancia o los equipos de medicina electromagnética del siglo XXI, ya había investigadores, médicos y curiosos explorando la relación entre la electricidad y la vida.

Por eso, en este capítulo haremos un breve recorrido histórico, casi un pequeño homenaje, a quienes sentaron las bases de la electroterapia. Porque lo que hoy redescubrimos con nuevos nombres y tecnologías, en realidad ya se sabía, y muchos de esos descubrimientos fueron olvidados o ignorados con el paso del tiempo.

Los orígenes: la electricidad como medicina

La historia de la electricidad aplicada al cuerpo comienza con los experimentos sobre electricidad estática, como los de Benjamin Franklin, que ya en el siglo XVIII realizaba demostraciones sobre la conducción eléctrica y sus efectos. A partir de ahí, cuatro grandes líneas de desarrollo fueron configurando la electroterapia clásica:

La electricidad estática, con sus primeras chispas y descargas visibles.

La corriente continua o galvánica, explorada por Luigi Galvani y Alessandro Volta, que demostraron la relación entre la electricidad y la contracción muscular.

La inducción electromagnética, descubierta por Michael Faraday, que abrió la puerta a la generación de corrientes sin contacto directo.

Y finalmente, la alta frecuencia, desarrollada por el físico Jacques-Arsène d'Arsonval a finales del siglo XIX.

Cada uno de estos avances aportó una pieza esencial para comprender cómo la energía eléctrica podía interactuar con los organismos vivos.

D'Arsonval y la alta frecuencia

El nombre de Jacques-Arsène d'Arsonval merece un lugar destacado. Fue él quien introdujo el uso de corrientes de alta frecuencia con fines terapéuticos, al punto que muchas veces se utilizaba la expresión "darsonvalización" como equivalente de electroterapia. Él fue el que descubrió que, a partir de una determinada frecuencia (alrededor de los Khz), ya no se producía contracción muscular y sí se producía un calentamiento de los tejidos internos. Desarrolló varios equipos que están en el origen de muchos de los que actualmente conocemos como diatermia. Ya no hacía falta shocks, chispas o sensaciones desagradables, la electroterapia dejaba de ser desagradable. D'Arsonval fue, sin duda, uno de los primeros en comprender que la energía eléctrica podía utilizarse para equilibrar el cuerpo, no solo para medirlo o estimularlo.

En esa misma época, Tesla junto con Oudin y (tal vez) otros científicos, desarrollaron un equipo de electroterapia portátil muy eficaz. Ya no hacía falta grandes aparatos o incluso salas enteras, sino que una varita de vidrio lleno de gas era capaz de generar descargas luminosas de diferentes colores. Ese aparato se conoció como el rayo violeta, y en su tiempo fue considerado un gran avance. Se aplicaba en tratamientos dermatológicos, cosméticos y fisiológicos. Los médicos de la época observaron que la exposición a esas descargas mejoraba la circulación, favorecía la cicatrización y estimulaba los tejidos.

Décadas después, el célebre Edgar Cayce, conocido como “el profeta durmiente”, recuperó el uso del rayo violeta en algunas de sus terapias, manteniendo viva esta tradición experimental.

Georges Lakhovsky: el visionario del siglo XX

Entre todos los pioneros, quizá ninguno haya tenido una visión tan profunda y poética como

Georges Lakhovsky. Su obra, *El secreto de la vida* (publicada en 1929), parte de una idea revolucionaria para su tiempo:

> *"Todo ser vivo posee atributos electrónicos: resistencia, capacitancia e inductancia."*

Con esta afirmación, Lakhovsky proponía que cada organismo, cada célula, funciona como un pequeño circuito oscilante, capaz de emitir y recibir radiaciones electromagnéticas. En otras palabras, veía la vida como un fenómeno de resonancia, donde cada ser vibra en una frecuencia propia.

> *"La célula viva es un oscilador real y un resonador eléctrico."*

Según él, la salud es el resultado de la armonía entre las oscilaciones internas del cuerpo y las radiaciones naturales del entorno. Cuando ambas están en sintonía, el organismo se mantiene fuerte; cuando se pierde esa coherencia, aparece la enfermedad.

Convencido de esta idea, Lakhovsky desarrolló un dispositivo al que llamó oscilador de ondas múltiples (*Multi Wave Oscillator*). Era una máquina compuesta por un generador de alta frecuencia y una serie de antenas circulares conectadas a una bobina Tesla. El aparato emitía una amplia gama de frecuencias simultáneas que, según Lakhovsky, permitían al cuerpo "recordar" su vibración original.

Su propósito no era destruir nada, sino restaurar la resonancia celular. Creía que cada célula, al recibir las frecuencias adecuadas, recuperaba su equilibrio y su capacidad de autorregulación. En lugar de combatir la enfermedad, se trataba de fortalecer la salud.

Este enfoque, aunque adelantado a su tiempo, anticipa lo que hoy llamamos paradigma del terreno: el reconocimiento de que la salud depende de la coherencia del sistema global, y que el cuerpo no debe ser forzado, sino acompañado.

Muchos de los dispositivos de Lakhovsky fueron utilizados durante años en hospitales y consultas, con resultados que sorprendieron a médicos y pacientes. Sin embargo, con el avance del modelo farmacológico y mecanicista, su obra cayó en el olvido. Durante décadas, la medicina oficial dejó de mirar la electricidad como herramienta terapéutica, reduciéndola a un fenómeno medible, no aplicable.

Hoy, casi un siglo después, sus ideas vuelven a cobrar sentido. El desarrollo de la biofísica, la biología cuántica y las terapias electromagnéticas actuales están redescubriendo lo que Lakhovsky intuía: que la vida es vibración organizada y que el equilibrio electromagnético del cuerpo es tan esencial como la bioquímica.

La salud como coherencia

Mirando hacia atrás, podemos reconocer que todos estos pioneros —Franklin, Galvani, Faraday, d'Arsonval, Lakhovsky— construyeron las bases del pensamiento electromagnético aplicado a la biología. Cada uno, desde su época, aportó una pieza del rompecabezas que hoy nos permite comprender mejor la interacción entre energía y vida.

Lakhovsky, en particular, nos dejó una enseñanza que resume toda su visión: la salud es el resultado de la coherencia, de la comunicación y la adaptación entre el cuerpo y su entorno.

La verdadera terapia no impone desde fuera, sino que ayuda al cuerpo a hacer lo que ya intenta hacer.
Así, el bioelectromagnetismo no se limita a medir o a tratar: nos invita a reconectar con la inteligencia natural de la vida.

RESUMEN Capítulo 7

Este capítulo traza un recorrido por los orígenes del bioelectromagnetismo y de la electroterapia, recordando que su historia es mucho más antigua de lo que solemos pensar. La electricidad aplicada a la salud comenzó con la electricidad estática de Franklin, la corriente galvánica de Volta y Galvani, la inducción electromagnética de Faraday y culminó con las altas frecuencias de Jacques-Arsène d'Arsonval, pionero en usar corrientes de alta frecuencia con fines terapéuticos. Sus experimentos dieron origen al célebre rayo violeta, un dispositivo que utilizaba tubos de gas y descargas luminosas para estimular la piel, mejorar la circulación y activar procesos de regeneración.

Décadas más tarde, el médico e investigador Georges Lakhovsky llevó estas ideas mucho más lejos. En su libro *El secreto de la vida* (1929), afirmó que todos los seres vivos poseen atributos electrónicos —resistencia, capacitancia e inductancia— y funcionan como circuitos oscilantes que emiten y reciben radiaciones electromagnéticas. La salud, según él, depende de la resonancia entre las frecuencias internas del cuerpo y las radiaciones naturales del entorno: cuando ambas están en coherencia, hay equilibrio; cuando se rompen, aparece la enfermedad.

Para restablecer esa coherencia, Lakhovsky desarrolló el oscilador de ondas múltiples, un aparato basado en una bobina Tesla que emitía un amplio rango de frecuencias destinadas a recordar a las células su vibración original. Su objetivo no era combatir la enfermedad, sino fortalecer la salud, permitiendo que el cuerpo se reequilibrara por sí mismo. El capítulo concluye reconociendo a estos pioneros —Franklin, Galvani, Faraday, d'Arsonval y Lakhovsky— como los fundadores de una visión vitalista de la medicina, en la que la salud es coherencia, comunicación y adaptación entre el cuerpo y su entorno.

CAPÍTULO 8

LOS CAMPOS DE LA VIDA

Con este capítulo entramos de lleno en el corazón del tema: la fisiología electromagnética. Hasta ahora hemos visto cómo la vida puede entenderse como un fenómeno eléctrico y cómo los organismos son sistemas de corrientes, voltajes y resonancias. Pero ¿qué es lo que da forma y orden a esos procesos? ¿Qué principio organiza la vida para que de un conjunto de moléculas surja un ser coherente, con estructura, forma y propósito?

Para responder a esas preguntas debemos hablar de los campos de la vida. Y el primer científico que los estudió con rigor fue Harold Saxton Burr, profesor de la Universidad de Yale. En 1932, Burr formuló su célebre teoría electrodinámica de la vida, en la que propuso que todos los seres vivos están rodeados y estructurados por un campo eléctrico organizador.

Harold Saxton Burr y la teoría electrodinámica de la vida

Harold Burr fue un pionero. En una época dominada por la biología química y mecánica, se atrevió a afirmar que la vida no podía explicarse solo por la materia, sino que debía haber algo que la guiara y la coordinara. A ese algo lo llamó campo electrodinámico o campo de la vida, y lo designó con la letra *L* (de *Life*). Decía

> *"El Universo [...] está organizado y mantenido por un campo electro-dinámico capaz de determinar la posición y el movimiento de todas las partículas cargadas."*
> *"Los 'campos de vida' —L-fields— ordenan y dirigen: gracias a ese campo, las nuevas moléculas y células se reconstruyen y se organizan en el mismo patrón que las anteriores."*

Con instrumentos muy rudimentarios para la época, Burr y su equipo midieron las diferencias de potencial eléctrico en distintos organismos: árboles, ranas, huevos, embriones, tejidos humanos... Descubrieron que cada ser vivo posee un patrón eléctrico estable, y que ese patrón cambia antes de que aparezcan alteraciones visibles en el cuerpo.

Por ejemplo, detectaron modificaciones eléctricas en la piel días antes de que se formaran tumores, y observaron cómo el ciclo menstrual, el embarazo o incluso las fases lunares influían en las variaciones de esos campos. Burr demostró que los organismos no son sistemas cerrados: están en comunicación constante con el entorno, intercambiando energía e información.

De todo ello extrajo una conclusión contundente:

> *"La organización y el mantenimiento de la vida dependen de un campo electrodinámico que guía los procesos de desarrollo, crecimiento y reparación."*

El campo como matriz de organización

El campo de la vida puede imaginarse como una plantilla energética invisible que ordena la materia del cuerpo, del mismo modo que un imán ordena las limaduras de hierro. La materia no se dispone al azar: sigue líneas de fuerza que corresponden al patrón del campo que la sostiene.

Burr entendía que en la naturaleza existe una jerarquía muy clara:

- Primero está la información (la forma o el patrón).
- Luego viene la energía, que da movimiento a esa información.
- Y finalmente aparece la materia, que se organiza según las dos anteriores.

La materia, por tanto, no es la causa de la forma, sino su efecto visible. La información y la energía que contienen los campos de la vida serían los planos invisibles que dirigen el comportamiento de las células, los órganos y los sistemas completos.

Esto explica por qué dos organismos con el mismo ADN pueden desarrollarse de manera distinta: no basta el código genético; hace falta el campo que interprete y organice esa información.

Campos eléctricos y regeneración

Burr observó también que cada evento biológico importante —una división celular, una cicatrización o una regeneración— va acompañado de cambios eléctricos específicos. Cuando una célula se divide o un tejido se regenera, se produce una despolarización eléctrica local. Y es ese cambio en el potencial el que marca dónde y cuándo debe actuar el proceso biológico.

Décadas más tarde, el investigador Robert O. Becker retomó esta idea y la demostró experimentalmente en su trabajo con gusanos planares. Cuando estos animales eran seccionados, podían regenerar una cabeza o una cola según el gradiente eléctrico que se mantuviera en el tejido.
Si el campo eléctrico se invertía, el gusano regeneraba una cabeza donde debía crecer una cola.

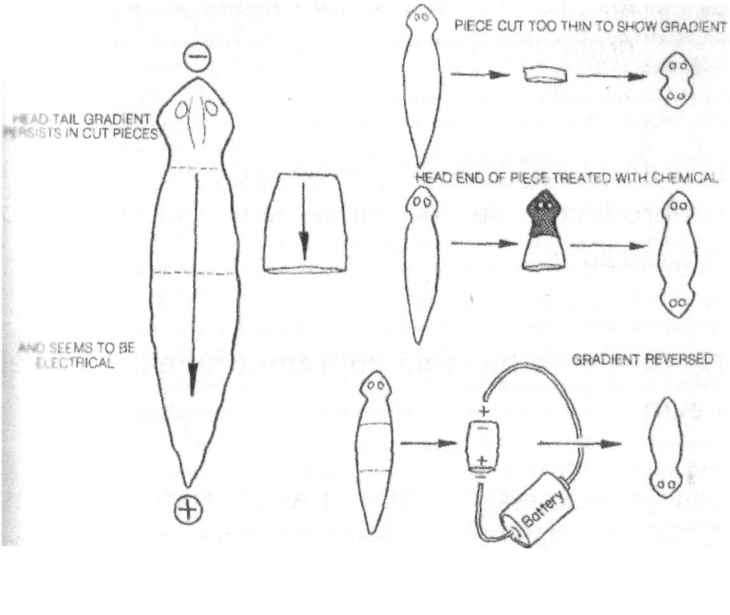

Estos experimentos mostraron algo asombroso:

La forma biológica está determinada por el campo eléctrico que la precede.

Decía Levin al conducir los experimentos:

> *"Desarrollamos las primeras herramientas moleculares para leer y escribir información eléctrica en tejido vivo, fuera del cerebro. [...] Manipulamos los patrones de voltaje para que 'dijeran' dos cabezas [...]; el resultado no es genético."*

> *"El ADN no es el único constructor: hay una capa bioeléctrica misteriosa que dirige a las células a trabajar juntas para formar órganos y cuerpos."*

En otras palabras, la bioelectricidad no es un subproducto de la vida, sino su principio organizador.

De Burr a la biología contemporánea: Michael Levin

Las intuiciones de Burr fueron redescubiertas muchas décadas después gracias a las investigaciones de Michael Levin y Dany Adams en la Universidad de Tufts. Utilizando modernas técnicas de biología molecular y biofotónica, lograron visualizar los campos eléctricos de embriones en desarrollo.

En un experimento con embriones de rana, mapearon los potenciales eléctricos en la superficie del organismo y observaron que, antes de que aparecieran los órganos, ya existía una "imagen eléctrica" que mostraba la disposición de ojos, boca y cerebro. Era, literalmente, una cara eléctrica antes de que existiera una cara biológica.

Al modificar artificialmente esos campos, consiguieron cambiar el patrón de desarrollo: una rana podía desarrollar un ojo en el lugar de la cola, o no formarlo en absoluto. Estas observaciones confirmaron lo que Burr había intuido: los campos eléctricos preceden a la forma visible, y son ellos los que dictan cómo y dónde se materializa la información genética.

La jerarquía de la vida: información, energía, materia

Todo esto nos lleva a una comprensión más amplia de la biología. La información contenida en los campos de la vida organiza la energía, y la energía, a su vez, da forma a la materia. Así se establece una jerarquía universal:

Información → Energía → Materia

Esta secuencia se cumple en todos los niveles de la naturaleza, desde el átomo hasta el organismo completo. Y cuando entendemos esto, la biología deja de ser un catálogo de moléculas y reacciones, para convertirse en una danza ordenada de campos electromagnéticos que cooperan entre sí.

La salud, en este contexto, sería el resultado de una coherencia entre los campos internos del cuerpo y los campos naturales del entorno. La enfermedad, en cambio, surgiría cuando esa coherencia se rompe, cuando las líneas de fuerza dejan de resonar armónicamente.

Los campos de la vida son la estructura invisible que orquesta todos los procesos biológicos. No se ven, pero se manifiestan en cada forma, en cada impulso eléctrico, en cada patrón de crecimiento. Primero existe el campo, luego la forma. Primero la información, luego la materia. La vida es, en esencia, una manifestación de energía organizada, una sinfonía invisible que se expresa en la materia a través de la electricidad y el magnetismo.

Comprender esto nos invita a mirar el cuerpo y la salud desde otra perspectiva: no como un conjunto de piezas, sino como un campo coherente de energía viva que se adapta, se comunica y se regenera en relación constante con su entorno.

RESUMEN Capítulo 8

En este capítulo se introduce la fisiología electromagnética a partir de la teoría de Harold Saxton Burr, profesor en la Universidad de Yale, quien en 1932 propuso la existencia de un campo electrodinámico organizador de la vida. Burr descubrió que todos los seres vivos poseen un patrón eléctrico medible —al que llamó *L field* o *Life Field*— que cambia antes de que aparezcan las alteraciones visibles en el cuerpo. Estos campos varían con los ciclos biológicos, la radiación solar y las condiciones ambientales, revelando que los organismos están en constante intercambio energético con su entorno.

Burr demostró que este campo actúa como una plantilla energética invisible, una matriz de información que ordena la materia de la misma forma que un imán organiza las limaduras de hierro. En esa jerarquía natural —información, energía y materia—, la información contenida en el campo guía la energía y, a través de ella, da forma al cuerpo físico. Este principio fue confirmado décadas después por los experimentos de Robert Becker, quien mostró que el patrón eléctrico dirige la regeneración de los tejidos, y que invertir la polaridad puede modificar la forma resultante.

Investigaciones más recientes, como las de Michael Levin y Dany Adams en la Universidad de Tufts, comprobaron que los campos eléctricos preceden a la morfología: en embriones de rana se observó la “imagen eléctrica” de una cara antes de que se formaran los órganos. Al alterar esos campos, el patrón de desarrollo también cambiaba. Así se confirma que lo invisible precede a lo visible, que los campos de la vida son la plantilla que organiza la forma, el crecimiento y la regeneración. La salud, desde esta mirada, es coherencia entre los campos internos del cuerpo y los campos naturales del entorno; la enfermedad, una pérdida de esa coherencia.

CAPÍTULO 9

Cables En El Cuerpo

A esta altura del camino ya sabemos que la vida no es solo bioquímica: es también un fenómeno eléctrico y electromagnético. Cada reacción, cada impulso, cada proceso vital se organiza dentro de un patrón energético invisible que da coherencia al cuerpo. Pero surge una pregunta esencial:

¿Por dónde viajan esas corrientes? ¿Cuáles son los "cables" que permiten que la electricidad circule en el organismo?

Este capítulo aborda justamente eso: la anatomía eléctrica del cuerpo humano, los caminos por los que se transmite la información bioeléctrica que mantiene la vida. Lo que descubrimos al mirar más allá de la anatomía convencional es una red inteligente y multifuncional, capaz de conducir, almacenar y modular energía con una precisión extraordinaria.

El sistema nervioso

El sistema nervioso es, sin duda, el más conocido de los sistemas eléctricos del cuerpo. Está formado por millones de neuronas, células especializadas en transmitir impulsos eléctricos. Cada neurona tiene un cuerpo celular y una prolongación llamada axón, que puede estar recubierta por una sustancia grasa denominada mielina.

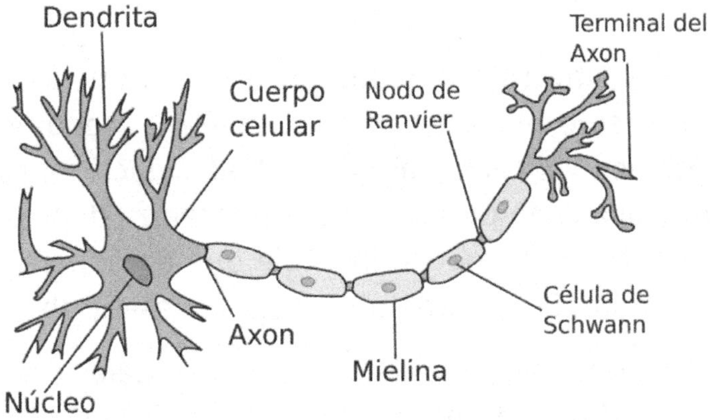

Entre las vainas de mielina existen pequeñas separaciones, los nodos de Ranvier, donde la señal eléctrica “salta” de un punto a otro, acelerando la transmisión. La ciencia tradicional describía las vainas de mielina como simples aislantes, pero las investigaciones de Robert Becker demostraron algo más profundo: esas vainas son estructuras eléctricamente activas.

Becker descubrió que, además de los impulsos nerviosos clásicos, el sistema nervioso genera corrientes sutiles y continuas, llamadas corrientes de lesión, que aparecen cada vez que hay daño en un tejido. Estas corrientes no solo señalan la herida, sino que guían la reparación. Cuando el potencial eléctrico de la zona dañada se restablece, comienza la regeneración.

Así, el sistema nervioso no solo comunica: también repara y organiza. La electricidad no es un subproducto de la vida, sino su lenguaje principal.

Regeneración y polaridad: el secreto eléctrico de la curación

El estudio de la regeneración biológica siempre ha fascinado a los investigadores. Desde los experimentos de Spallanzani con hidras y salamandras en el siglo XVIII, se sabía que ciertos animales eran capaces de regenerar extremidades completas. Durante mucho tiempo se buscó la explicación en los genes o en las proteínas, pero Robert Becker demostró que el factor decisivo es eléctrico.

Recuerda el ejemplo que habíamos comentado anteriormente sobre la capacidad de regeneración de las salamandras. Cuando una salamandra pierde una pata, se genera un campo eléctrico en el extremo amputado. Si se altera la polaridad de ese campo, el animal puede regenerar una mano donde debía crecer una cola, o viceversa. Si el campo se bloquea, la regeneración no ocurre.

Lo mismo se observó en tejidos de ranas y ratas: cuando se incrementaba el flujo eléctrico, se activaban procesos de regeneración que normalmente no ocurren en mamíferos. Becker resumía esta idea con una frase sencilla y poderosa:

> *"Healing is voltage." La sanación es voltaje.*

Sin suficiente potencial eléctrico, los procesos de reparación se detienen. El cuerpo necesita voltaje para mantener su vitalidad, de la misma manera que un dispositivo necesita energía para funcionar.

El sistema perineural

Becker descubrió también que las células de Schwann, que rodean los axones de las neuronas, no son simples protectoras, sino que forman parte de un sistema perineural de conducción eléctrica. A través de este sistema circulan las corrientes de lesión que mencionamos antes, extendiéndose por todo el cuerpo.

Estas corrientes actúan como mensajeros eléctricos que informan dónde hay daño y que inician la reparación tisular. Cuando se estimulan de manera adecuada, la curación se acelera; cuando se interrumpen, la regeneración se frena. Esto abrió la puerta a una nueva visión del sistema nervioso: no solo transmite impulsos rápidos, sino que mantiene un flujo eléctrico continuo que sustenta el equilibrio fisiológico.

Los circuitos eléctricos biológicamente cerrados

Otro descubrimiento relevante vino del médico sueco Björn Nordström, jefe de radiología del Instituto Karolinska. Él describió la existencia de lo que llamó circuitos eléctricos biológicamente cerrados. (CEBC, o BCEC en inglés)

Nordström observó que el cuerpo humano posee circuitos internos autorregulados que no dependen de cables, sino que funcionan gracias a la conductividad eléctrica de los fluidos corporales, las membranas y el plasma. En otras palabras, el cuerpo se comporta como un sistema circulatorio de energía, donde los iones y las cargas eléctricas se mueven a través de caminos invisibles pero coherentes.

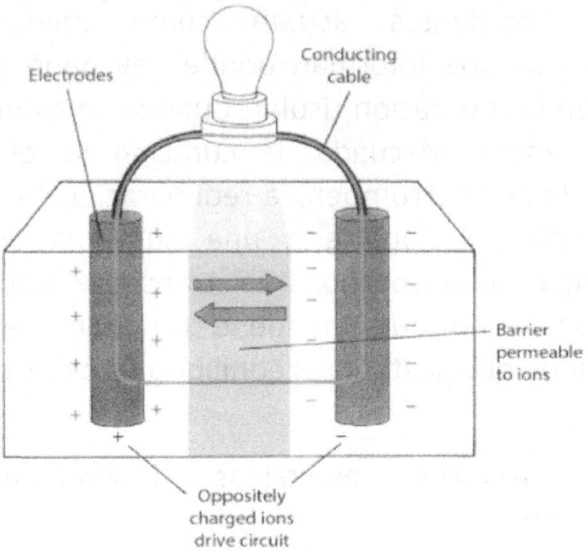

Estos circuitos contribuyen a la reparación, la defensa inmunológica y la homeostasis eléctrica de los tejidos.
Inspirado por este principio, Nordström desarrolló técnicas como la electroquimioterapia, que utiliza pulsos eléctricos para abrir temporalmente las membranas celulares, facilitando la entrada de medicamentos o nutrientes en el interior de las células.

Su visión fue clara: la electricidad no solo comunica, también transporta, protege y repara.

El sistema primovascular

El último gran sistema descrito en este capítulo es el sistema primovascular, descubierto en la década de 1960 por el investigador coreano Bong-Han Kim. Durante años su trabajo fue desconocido fuera de Asia, pero hoy varios laboratorios han confirmado sus observaciones.

Kim descubrió una red microscópica, anterior incluso al sistema circulatorio, compuesta por vasos y nódulos translúcidos que recorren el cuerpo y que son visibles en los embriones antes de que se formen las arterias o venas. Esta red coincide sorprendentemente con los meridianos de acupuntura descritos por la medicina tradicional china.

El sistema primovascular transporta un fluido rico en ADN y microvesículas, y presenta propiedades eléctricas únicas. Sus canales son capaces de conducir biofotones y cargas eléctricas, actuando como una red de comunicación y coordinación a nivel sutil.

Lo que durante siglos fue interpretado como "energía vital" por las medicinas tradicionales podría tener, en realidad, una base biofísica concreta en este sistema.

Una red integrada: el cuerpo como circuito

Al reunir todas estas piezas, emerge una visión fascinante: el cuerpo humano es un entramado eléctrico vivo compuesto por varios sistemas interconectados:

El sistema nervioso, que transmite impulsos y corrientes de lesión.

El sistema perineural, que distribuye la electricidad a través de las células de Schwann.

Los circuitos eléctricos cerrados de Nordström, que permiten la circulación de cargas por el plasma y los fluidos.

Y el sistema primovascular, la red más sutil y ancestral, que enlaza la electricidad con la energía vital.

Estos "cables del cuerpo", y otros no mencionados en este cuaderno, trabajan juntos para mantener la coherencia energética que hace posible la vida. Cuando uno de ellos se bloquea o se altera, el sistema completo entra en desequilibrio; cuando funcionan en armonía, el cuerpo se repara, se adapta y florece.

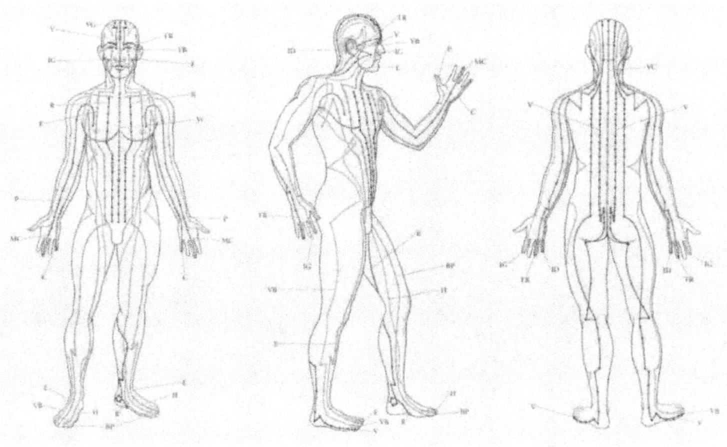

El cuerpo eléctrico

Comprender estos sistemas es abrir los ojos a una nueva biología: la biología del campo. Ya no somos solo química, ni siquiera bioquímica: somos electrodinámica viva. Cada célula es una antena; cada tejido, un circuito; cada órgano, un resonador.

La salud no es ausencia de enfermedad, sino coherencia energética. Y la medicina del futuro —como la del pasado más sabio— deberá aprender a cuidar, armonizar y fortalecer esos cables invisibles que sostienen la vida.

RESUMEN Capítulo 9 — Cables en el cuerpo

Este capítulo profundiza en la fisiología electromagnética del cuerpo, mostrando los caminos por los que circula la electricidad vital. Plantea que los procesos biológicos no se explican solo por la química, sino por una red eléctrica invisible que mantiene la coherencia y la organización de la vida. A partir de esta idea, se describen los "cuatro grandes cables" del cuerpo, es decir, los sistemas que conducen la electricidad y sostienen la autorregulación fisiológica.

El primero es el sistema nervioso, formado por neuronas y axones recubiertos de mielina. Robert Becker demostró que las vainas de mielina no son simples aislantes, sino estructuras activas que permiten el paso de corrientes de lesión, corrientes eléctricas sutiles que guían los procesos de regeneración. De hecho, la polaridad eléctrica determina si un tejido puede regenerarse o no, y Becker sintetizó este principio en la frase: *healing is voltage* —"la sanación es voltaje"*.

El segundo es el sistema perineural, red eléctrica paralela al sistema nervioso, por donde viajan las corrientes de lesión a través de las células de Schwann. El tercero corresponde a los circuitos eléctricos biológicamente cerrados, descubiertos por Björn Nordström, quien mostró que el cuerpo contiene circuitos autorregulados que conducen cargas a través de fluidos y membranas, manteniendo la coherencia eléctrica de los tejidos. Finalmente, el cuarto es el sistema primovascular, identificado por Bong-Han Kim, una red microscópica anterior al sistema circulatorio y coincidente con los meridianos de acupuntura.

En conjunto, estos sistemas —nervioso, perineural, primovascular y los circuitos cerrados — conforman una red eléctrica integrada que distribuye la energía, comunica las células y sostiene la reparación y la vida. El cuerpo aparece así como un circuito vivo y coherente, donde la salud depende de la armonía entre todos sus flujos eléctricos. La biología, desde esta mirada, se revela como electrodinámica pura: una danza de voltajes, frecuencias y resonancias que hacen posible la existencia.

CAPÍTULO 10

LUZ EN EL CORAZÓN DE LA VIDA

A estas alturas del camino ya hemos visto cómo la vida se organiza en torno a la energía eléctrica y los campos que la sostienen. Sabemos que toda célula vibra, que cada tejido resuena y que el cuerpo entero es un entramado de frecuencias coherentes.

Pero hay un nivel aún más sutil, más luminoso: el nivel fotónico. El cuerpo no solo conduce electricidad. También emite luz. Una luz débil, invisible al ojo humano, pero perfectamente medible, que transporta información y mantiene la organización interna del sistema biológico.

Comprender esa luz es comprender el principio de la coherencia: ese estado de orden que permite que miles de procesos ocurran simultáneamente sin caos, sin interferencias, con la precisión de una sinfonía viva.

De la información a la materia

Para entender la coherencia debemos recordar la jerarquía fundamental de la vida:

Información → Energía → Materia.

La información da los códigos que dirigen la energía, y la energía, a su vez, estructura la materia. Los fenómenos bioquímicos que observamos no son el origen, sino el efecto visible de procesos energéticos invisibles.

El cuerpo físico, con sus “cables” y corrientes, no es más que la manifestación tangible de un sistema energético mucho más profundo. Y dentro de ese sistema, la luz desempeña un papel esencial: es el medio de comunicación que mantiene la coherencia entre todas las partes del organismo.

Alexander Gurwitsch y la radiación mitogenética

El primer científico que observó esta luz fue el embriólogo ruso Alexander Gurwitsch, a finales del siglo XIX. Mientras estudiaba el crecimiento de raíces de cebolla, descubrió que las células en división emitían una radiación ultravioleta muy débil, capaz de estimular la mitosis en otras células cercanas.

A ese fenómeno lo llamó radiación mitogenética. Con solo colocar dos raíces próximas, separadas por un vidrio que permitiera pasar la luz, una de ellas aceleraba su división celular gracias a la radiación emitida por la otra. Si el vidrio bloqueaba los rayos ultravioleta, el efecto desaparecía.

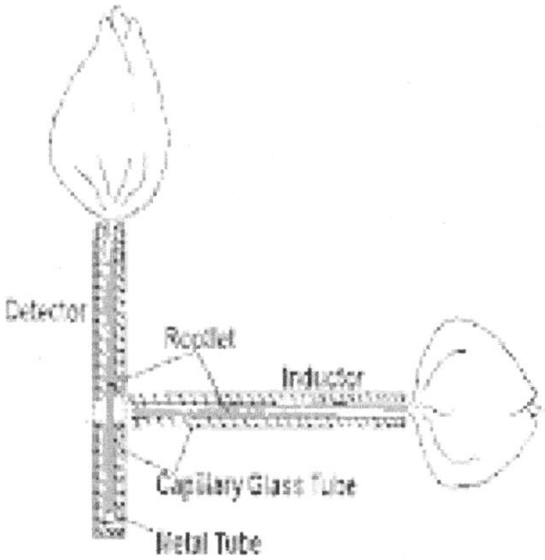

Representación del experimento de Gurwitsch con las raíces de cebolla.

Gurwitsch había descubierto que las células se comunican mediante luz, y que esa radiación no era un subproducto del metabolismo, sino una señal organizadora. Su trabajo, aunque olvidado durante décadas, sería el punto de partida del concepto moderno de biofotones.

De Schrödinger a Fröhlich: la coherencia como principio vital

Décadas después, Erwin Schrödinger, el padre de la mecánica cuántica, retomó la intuición de Gurwitsch en su libro *¿Qué es la vida?* (1944). Allí afirmaba que los seres vivos "absorben orden del entorno", desafiando la segunda ley de la termodinámica.

> *"Lo que un organismo ingiere es entropía negativa [...]. Lo esencial del metabolismo es que el organismo logra librarse de la entropía que no puede evitar producir mientras está vivo."*

Para Schrödinger, la vida era una paradoja organizada que se mantenía en equilibrio gracias al flujo constante de energía solar: luz transformada en orden.

Años más tarde, el físico Herbert Fröhlich formuló la idea de que los sistemas biológicos se comportan como condensados coherentes de energía, similares a los láseres. Sostenía que las membranas celulares pueden vibrar de manera sincronizada, creando un estado de coherencia electromagnética que unifica todas las funciones del organismo.

Así nació una nueva biología, donde la vida no se explica solo por la química, sino por el orden electromagnético de la materia viva.

Tres generaciones de investigadores de la luz biológica

Podemos distinguir tres etapas históricas en el estudio de los biofotones.

La primera generación, encabezada por Gurwitsch, comprendió que la luz era reguladora de la vida.

La segunda, más reduccionista, consideró esa luz como un residuo metabólico, un simple efecto colateral de las reacciones químicas.

La tercera generación, con Fritz-Albert Popp y Roeland van Wijk como referentes, recuperó la visión original: los biofotones son portadores de información, el lenguaje luminoso de la biología.

Fritz-Albert Popp acuñó el término *biofotón* (luz de origen biológico) y demostró que todos los seres vivos emiten radiación coherente, cuyo patrón refleja su estado de salud.

> *"El término biophotons se usa para designar una emisión fotónica espontánea y permanente de todos los sistemas vivos, de unas pocas a algunos cientos de fotones/(s×cm^2) en ~260–800 nm."*

Los organismos más complejos presentan emisiones más ordenadas, pues su funcionamiento requiere mayor coordinación. Además, observó que los ritmos de emisión fotónica siguen ciclos biológicos y que la pérdida de esa coherencia lumínica está asociada a la enfermedad.

Luz, vida y muerte

Los biofotones cubren un espectro que va del infrarrojo al ultravioleta. Su brillo es extremadamente débil —alrededor de diez fotones por segundo y por centímetro cuadrado —, pero puede captarse con cámaras de alta sensibilidad (*CCD*).

Su intensidad aumenta en momentos clave: durante la división celular, en procesos de regeneración y justo antes de la muerte celular. En ese instante final se produce un destello intenso conocido como el "flash de la muerte", que es el reverso del "flash de la vida", la chispa luminosa observada en el momento de la fecundación. Entre esos dos destellos —el de la concepción y el de la muerte— transcurre la historia completa de la vida.

Podríamos decir, con absoluta literalidad, que de la luz venimos y a la luz volvemos.

Un campo holográfico coherente

La emisión biofotónica no es aleatoria: forma un campo de coherencia que conecta instantáneamente cada parte del cuerpo con el todo. Cada célula sabe lo que ocurre en todas las demás gracias a esta comunicación luminosa.

Ese campo actúa como una red holográfica, donde cada punto contiene la información del conjunto. Por eso una herida puede curarse desde cualquier extremo del sistema, y un cambio en una célula puede repercutir en el organismo entero.

La radiación biofotónica funciona como un láser biológico, capaz de modular la actividad fisiológica a la velocidad de la luz. Esta luz ordenada es el soporte electromagnético de la información que da forma a la energía, y de la energía que da forma a la materia.

La persistencia del escepticismo

A pesar de las evidencias acumuladas, gran parte de la comunidad científica sigue considerando la emisión biofotónica como un efecto secundario del metabolismo oxidativo. Sin embargo, investigaciones recientes —incluso en centros como el MIT— han confirmado las propiedades cuánticas y coherentes de la luz biológica.

La ciencia, poco a poco, empieza a reconocer que la materia viva no se comporta como un sistema químico común, sino como un sistema óptico cuántico coherente, capaz de almacenar, emitir y procesar información luminosa.

El experimento de Kaznacheyev: comunicación a través de la luz

Uno de los experimentos más sorprendentes en este campo fue realizado por el científico ruso Vladimir Kaznacheyev. Trabajando con cultivos celulares, observó que si un conjunto de células era destruido por una toxina o radiación, otro cultivo cercano —separado por una lámina de vidrio— también mostraba signos de degeneración, sin ningún contacto físico o químico.

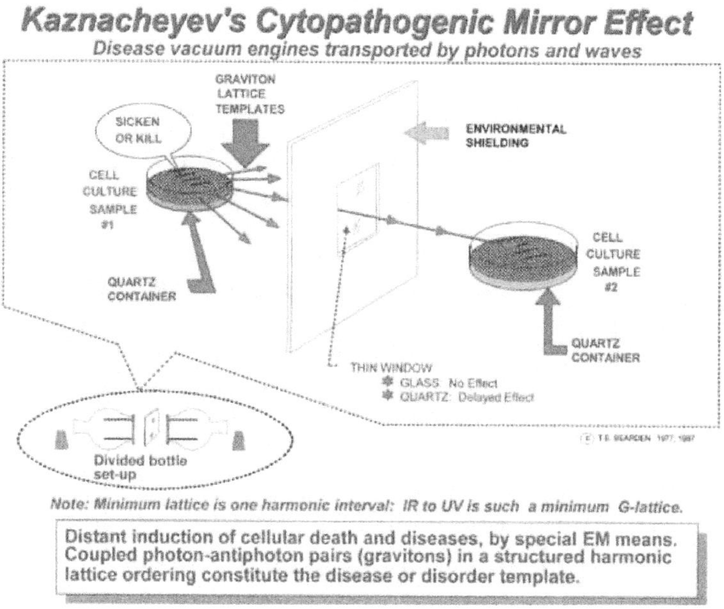

El fenómeno solo ocurría cuando el vidrio permitía el paso de la radiación ultravioleta (vidrio de cuarzo). Si se utilizaba un vidrio opaco a esa frecuencia, el efecto desaparecía. Era la demostración de una comunicación electromagnética directa entre células, transmitida por luz.

Este hallazgo, conocido como el efecto citopatogénico de Kaznacheyev, abrió la posibilidad de diagnósticos y terapias basadas en la caracterización biofotónica de los tejidos.

La coherencia como salud

La luz biológica no es un residuo: es un sistema de control y comunicación. Los biofotones coordinan la actividad celular, regulan la regeneración y sostienen el equilibrio del organismo. Cuando esa coherencia se pierde, la información se desordena y el cuerpo enferma.

Según Popp, la salud es un estado de máxima coherencia, en el que cada célula está en comunicación armoniosa con el resto. La enfermedad, en cambio, es un estado de desincronización, una pérdida del ritmo y de la comunicación interna.

Así, la vida puede definirse como luz coherente en acción. Y la salud, como el arte de mantener esa luz ordenada, vibrando al unísono con el entorno.

El lenguaje luminoso de la vida

Desde Gurwitsch hasta Popp, pasando por Schrödinger, Fröhlich y Kaznacheyev, la ciencia ha ido revelando un mensaje profundo: la vida se comunica, se organiza y se sostiene a través de la luz.

Esa luz, invisible pero constante, es el lenguaje silencioso que conecta cada célula con el universo entero.

Somos seres de luz coherente, y cuando esa coherencia se rompe, todo lo demás se resiente.

La coherencia no es solo un concepto físico: es una actitud vital. Significa estar en orden con uno mismo, con los demás y con la naturaleza. Cuando lo logramos, la luz fluye sin interferencias, y la vida —literalmente— brilla.

RESUMEN Capítulo 10 — Coherencia

Este capítulo profundiza en el papel de la luz biológica como base de la organización de la vida. Explica que la jerarquía fundamental del universo vivo —información → energía → materia— permite comprender que los procesos bioquímicos son solo la manifestación visible de un orden energético invisible. A ese nivel, el cuerpo no solo transmite electricidad: también emite luz, una radiación débil y coherente que mantiene la comunicación y la estructura de los sistemas biológicos.

La historia de esta investigación comienza con el embriólogo ruso Alexander Gurwitsch, quien descubrió a finales del siglo XIX la radiación mitogenética, una luz ultravioleta que induce la división celular. Décadas después, Schrödinger propuso que la vida se sostiene gracias a la absorción de orden del entorno —de luz solar—, y Herbert Fröhlich describió a los organismos como condensados coherentes de energía, comparables a un láser. Más tarde, Fritz-Albert Popp y Roeland van Wijk demostraron que todos los seres vivos emiten biofotones: partículas de luz coherente que actúan como portadoras de información. Su intensidad y patrón de emisión reflejan el grado de coherencia del organismo: los sistemas sanos emiten una luz ordenada y rítmica, los enfermos una luz caótica.

Los biofotones conectan todas las partes del cuerpo en un campo holográfico coherente que transmite información a la velocidad de la luz. Experimentos como el efecto citopatogénico de Kaznacheyev mostraron que los tejidos pueden comunicarse por radiación ultravioleta sin contacto físico, confirmando la existencia de una comunicación electromagnética directa entre células. En este marco, la salud es coherencia —orden, comunicación y ritmo armónico entre las partes—, y la enfermedad es desincronización, una pérdida de comunicación lumínica interna. La vida, en última instancia, es luz coherente en acción, un lenguaje silencioso de organización, comunicación y equilibrio con el entorno.

CAPÍTULO 11

COHERENCIA

Recuerdo con claridad aquel Simposio Internacional de Fröhlich sobre Aspectos Biofísicos del Cáncer. Compartía mesa con investigadores como Gerald Pollack, Fritz-Albert Popp, Anirban Bandyopadhyay y Mijal Cifra. Durante una de las ponencias, Igor Jerman, profesor de la universidad de Liubliana (Eslovenia) habló sobre *"El origen de la vida basado en los modos coherentes del agua y la materia"*.

Esa frase se me quedó grabada. Hasta entonces, había pensado en la vida como algo que surgía de reacciones químicas, de moléculas que se organizan, se replican y evolucionan. Pero aquella idea proponía algo distinto: que la vida podría haber surgido de la coherencia electromagnética, de un estado de orden energético entre el agua y la materia antes incluso de la aparición de las moléculas biológicas.

Desde entonces, miro la biología de otra manera. No como un conjunto de piezas, sino como una sinfonía de frecuencias que se organizan en torno a la coherencia. Y es justamente de eso de lo que trata este capítulo.

¿Qué significa "coherencia"?

En física, la palabra *coherencia* describe el estado en el que todas las ondas de un sistema están sincronizadas. Un ejemplo claro es el láser: una luz coherente en la que todas las ondas vibran en fase, ordenadas, sin interferencias caóticas.

En biología, la coherencia es ese mismo principio aplicado a los sistemas vivos: un estado en el que todas las frecuencias del cuerpo están alineadas y en comunicación eficiente, trabajando con el mínimo gasto de energía y el máximo orden. Es el modo en que la vida mantiene su organización frente a la entropía.

Podemos imaginarlo como una orquesta: cada instrumento tiene su propio ritmo y su propia voz, pero todos siguen la misma partitura. Así funciona un organismo: cada célula vibra en su frecuencia, pero todas cooperan en armonía con las demás.

Una jerarquía de frecuencias

El cuerpo humano está hecho de frecuencias dentro de frecuencias. El cerebro oscila en hercios; las moléculas, en terahercios; las proteínas vibran en gigahercios, y las estructuras más sutiles lo hacen en longitudes de onda aún más finas.

Cada nivel de organización —átomo, molécula, célula, tejido, órgano, organismo— tiene su propio rango de resonancia, pero todos están anidados unos en otros. La vida se construye como una serie jerárquica de oscilaciones sincronizadas, donde cada nivel se acopla al siguiente en un entramado de comunicación continua.

Cuando esa comunicación se interrumpe, cuando un nivel pierde la sincronía con los demás, aparece el desequilibrio, lo que solemos llamar enfermedad. La salud, por tanto, no es otra cosa que coherencia en movimiento.

La coherencia según Mae-Wan Ho

La biofísica Mae-Wan Ho definió la coherencia biológica como:

> *"La máxima expresión de la libertad individual en un contexto de armonía grupal."*

Para explicarlo, usaba una metáfora preciosa: una jam session de jazz. Cada músico improvisa libremente, pero todos tocan en sincronía, escuchándose, ajustándose, participando en una creación común.

En la biología ocurre lo mismo. Cada célula tiene autonomía, pero coopera con todas las demás, buscando siempre la eficiencia energética, la mínima resistencia y el máximo flujo de información. La vida es, así, una danza de libertad y cooperación, una estructura dinámica que combina estabilidad y movimiento constante.

Esta ley de máxima coherencia con mínimo gasto energético se repite en todos los niveles: desde las moléculas hasta los ecosistemas y las sociedades humanas.

El lenguaje de los biofotones

El físico Fritz-Albert Popp fue quien demostró que todos los seres vivos emiten luz. Esa radiación, extremadamente débil, se conoce como emisión biofotónica.Cada célula emite y recibe fotones —partículas de luz— como parte de su comunicación interna.

Popp descubrió que la calidad de esa luz depende del estado de coherencia del organismo.Los organismos sanos emiten una luz estable, rítmica y coherente; los organismos enfermos, una luz caótica y desordenada.

La luz, por tanto, es el lenguaje universal de la vida. No solo ilumina, informa. Cada molécula, cada proteína, cada célula vibra en una frecuencia particular y emite biofotones que pueden ser absorbidos por otras estructuras en resonancia. Así, las células se comunican instantáneamente, sin depender únicamente de reacciones químicas ni de señales nerviosas.

Reconocimiento por resonancia

El modelo desarrollado por Veljkovic y Cosic, llamado reconocimiento por resonancia, propone que las moléculas interactúan porque resuenan en la misma frecuencia. No se atraen solo por afinidad química, sino porque vibran al unísono.

Las enzimas encuentran a sus sustratos, las proteínas reconocen sus receptores y los anticuerpos localizan sus antígenos gracias a este principio de resonancia electromagnética. Las frecuencias de esas interacciones se encuentran precisamente en el rango de los biofotones: del infrarrojo al ultravioleta.

El agua, que constituye la mayor parte del cuerpo, permite que estas señales se propaguen sin pérdidas, manteniendo la coherencia de la comunicación. Basta un solo fotón para activar una cascada de reacciones, lo que demuestra la sensibilidad extrema del sistema biológico.

MyBPC

Reyder Risco Soria, Elena Pirogova, Jose Luis Hernandez Caceres and Ire-na Cosic. What does the resonant recognition model tells us about Myo-sin Binding Protein C? (2010)

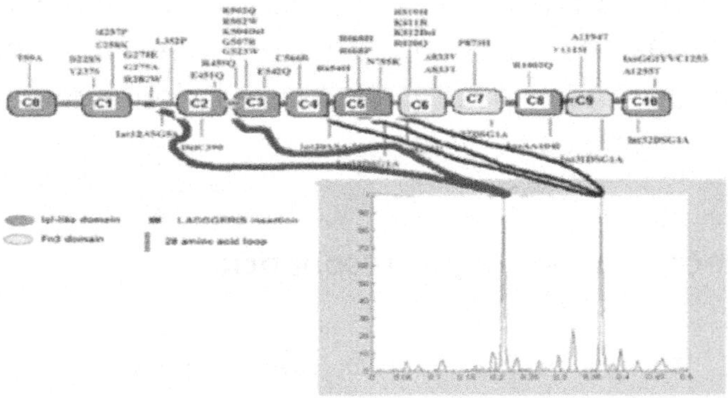

Coherencia cuántica y salud

Esta visión cambia radicalmente nuestra comprensión de la vida. Las células, los tejidos y los órganos están en constante diálogo luminoso, comunicándose mediante impulsos coherentes de energía. Cuando esa coherencia se mantiene, el sistema funciona con eficiencia; cuando se rompe, aparece la disonancia que llamamos enfermedad.

La coherencia cuántica no significa uniformidad ni rigidez, sino diversidad organizada. Cada parte conserva su identidad, pero todas colaboran dentro de un orden global. Es el mismo principio que rige una bandada de aves o una colonia de abejas: libertad individual sostenida por una inteligencia colectiva.

Coherencia cardíaca: el corazón como director de orquesta

El HeartMath Institute ha demostrado que el corazón desempeña un papel fundamental en esta coherencia global. Cuando sincronizamos la respiración con el ritmo cardíaco —a través de técnicas simples de respiración consciente o gratitud—, todo el cuerpo entra en un estado de orden electromagnético.

La coherencia cardíaca no solo mejora la fisiología: también regula las emociones, la percepción y la comunicación. Cuando una persona entra en coherencia, su campo electromagnético se vuelve más estable y puede influir positivamente en quienes la rodean. Así, la coherencia individual puede convertirse en coherencia colectiva.

La coherencia planetaria

La investigación reciente ha mostrado que nuestros ritmos biológicos están sincronizados con el campo electromagnético de la Tierra. Las ondas cerebrales humanas, especialmente las ondas alfa (7–8 Hz), coinciden con la resonancia Schumann, la frecuencia natural del planeta.

Los ciclos solares y las variaciones del campo geomagnético afectan la variabilidad del ritmo cardíaco, la presión arterial y hasta el estado de ánimo. El cuerpo humano, como todo sistema vivo, es parte del campo planetario. Cuando el entorno está estable, también nosotros lo estamos. Cuando el campo global se altera, sentimos el impacto.

De este principio surge la hipótesis de la coherencia global: la posibilidad de que la humanidad entera forme parte de un campo electromagnético compartido.

Uno de los ejemplos más sorprendentes de este fenómeno fue el efecto Maharishi. Durante la guerra entre Israel y el Líbano, grupos de meditadores practicaban técnicas de coherencia profunda en distintos momentos del conflicto. Los resultados fueron medidos rigurosamente: aumentar el número de meditadores coincidía con una disminución significativa de muertes y heridos.

La estadística mostraba una relación inversa precisa: a mayor coherencia grupal, menor violencia colectiva. No se trataba de magia, sino de campo. La conciencia coherente de un grupo puede influir sobre el entorno electromagnético y, con él, sobre el comportamiento humano.

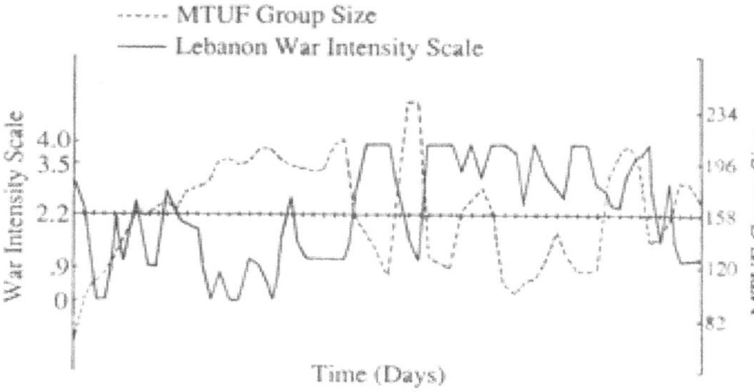

La luz que somos

Los biofotones no son una curiosidad científica: son la manifestación visible de la coherencia de la vida.
Cada ser vivo es un sistema luminoso que emite, absorbe y transforma información a través de la luz. Cuando estamos en equilibrio, nuestra luz es estable y coherente; cuando nos desequilibramos, esa luz se dispersa.

Comprender la vida como un fenómeno de coherencia electromagnética es abrir la puerta a una biología del futuro: una ciencia que une física, biología y consciencia, reconociendo que somos vibración organizada, luz viva en resonancia con la Tierra y con el universo.

RESUMEN CAPÍTULO 11

Este capítulo introduce el concepto de coherencia biológica y la importancia de los biofotones como lenguaje de comunicación de la vida. Inspirada por un simposio sobre los aspectos biofísicos del cáncer, la autora plantea que la vida podría haberse originado no por azar químico, sino por procesos de coherencia electromagnética entre el agua y la materia. La coherencia se entiende aquí como un estado de sincronía entre ondas, en el que todas las frecuencias del cuerpo vibran en armonía, como una orquesta o una jam session, buscando el mínimo gasto energético y la máxima eficiencia.

El físico Fritz-Albert Popp demostró que todas las células emiten luz: los biofotones. Esta radiación, débil pero coherente, refleja el grado de orden del organismo: cuanto más coherente la emisión, más saludable el sistema. Según los modelos de Veljkovic y Cosic, las moléculas se reconocen y se comunican por resonancia electromagnética, no solo por afinidad química: las enzimas, proteínas o anticuerpos vibran literalmente "en la misma onda". Esta comunicación fotónica se transmite por el agua sin pérdidas, demostrando la extrema sensibilidad del sistema biológico y su organización global.

La coherencia cuántica no significa uniformidad, sino diversidad en armonía. El corazón, según los estudios del HeartMath Institute, actúa como director de esta orquesta electromagnética: cuando respiramos en sincronía con su ritmo, todo el cuerpo entra en orden, mejoran las emociones y la comunicación, y se genera un campo coherente que puede influir positivamente en los demás. Esta idea se amplía en la hipótesis de la coherencia global, que vincula la salud humana con la resonancia Schumann, la frecuencia natural de la Tierra (~7,8 Hz). El capítulo concluye con el efecto Maharishi, experimento en el que grupos de meditadores redujeron la violencia en zonas de conflicto, mostrando el poder de la coherencia colectiva. La luz que emitimos —nuestros biofotones— no es solo biología: es la manifestación visible de la coherencia de la vida.

CAPÍTULO 12

Los Gurús Del Agua

Si miramos con atención, casi todo en nosotros es agua. Nuestro cuerpo está formado por cerca de un 70 % de agua, y sin embargo, durante décadas la ciencia la ha tratado como si fuera un simple solvente inerte, un medio donde "ocurren cosas" pero que no participa realmente en ellas.

Este capítulo rinde homenaje —con un poco de ironía y mucha gratitud— a los que podríamos llamar los "gurús del agua": los investigadores que se atrevieron a mirar más allá de la visión clásica y a descubrir que el agua no es pasiva, sino inteligente, estructurada y viva.

Porque la biología, sin el agua, no existe. Y comprender sus propiedades es comprender el misterio mismo de la vida.

Gerald Pollack y la cuarta fase del agua

El primero de estos exploradores es Gerald Pollack, profesor en la Universidad de Washington y autor del libro *The Fourth Phase of Water*. Pollack descubrió que el agua dentro de los organismos no se comporta como el agua líquida convencional, sino que adopta una cuarta fase, intermedia entre el líquido y el sólido: una especie de gel estructurado, también llamado agua EZ (*Exclusion Zone*, o zona de exclusión).

Cuando el agua se encuentra junto a una superficie —como una membrana celular, una proteína o el ADN—, sus moléculas dejan de moverse al azar y se ordenan en capas hexagonales coherentes. En esas capas ocurre algo fascinante: ciertas partículas y solutos son repelidos, lo que genera una separación de cargas entre la zona estructurada y el resto del agua.

Esa separación produce un potencial eléctrico medible, un voltaje natural que convierte a cada célula en una pequeña batería biológica. Pollack sugiere que gran parte del potencial transmembrana celular —la diferencia de voltaje entre el interior y el exterior de la célula— proviene de estas zonas de exclusión.

Además, el agua EZ tiene una propiedad extraordinaria: se expande con la luz infrarroja. La energía del sol o del calor ambiental alimenta literalmente a nuestras células al aumentar la cantidad de agua estructurada que contienen. Así, el agua se convierte en una fuente directa de energía electromagnética, mucho más allá del papel químico que se le había atribuido.

> *"La zona de exclusión está cargada y la región adyacente tiene carga opuesta. Esta separación constituye una batería de la que puede extraerse corriente; la luz incidente recarga la batería."*

Jacques Benveniste y la memoria del agua

El segundo gran "gurú" del agua fue el médico e investigador francés Jacques Benveniste, quien descubrió algo que la ciencia oficial todavía digiere con dificultad: que el agua puede recordar.

Mientras estudiaba reacciones inmunológicas, Benveniste observó que una sustancia diluida hasta el punto de no contener ya ninguna molécula activa seguía produciendo el mismo efecto biológico. El fenómeno parecía imposible, pero se repetía una y otra vez.

Llamó a esto **la memoria del agua**: la capacidad del agua de conservar la huella electromagnética de las moléculas que alguna vez estuvieron disueltas en ella. Su descubrimiento, publicado en 1988, provocó una polémica monumental y fue ridiculizado por la comunidad científica. Sin embargo, años después, las investigaciones de Luc Montagnier —Premio Nobel por el descubrimiento del VIH— confirmaron que las soluciones acuosas pueden emitir señales electromagnéticas específicas asociadas a la estructura de las moléculas originales, incluso cuando estas ya no están presentes.

Montagnier, junto con los físicos Emilio Del Giudice, Giuseppe Vitiello y Alberto Tedeschi, demostró que el agua puede almacenar, amplificar y transmitir información en forma de ondas electromagnéticas coherentes. Estas observaciones coinciden con las teorías de la coherencia cuántica del agua, según las cuales las moléculas de agua forman dominios de coherencia, regiones donde las vibraciones están sincronizadas como si el agua fuera un enorme resonador electromagnético.

El agua como medio estructurador

Estas investigaciones han cambiado radicalmente la imagen del agua biológica. Ya no puede considerarse una sustancia "libre" o "inorgánica": en el cuerpo, el agua está empaquetada, organizada y estructurada dentro de las células, formando redes de coherencia que almacenan información, generan potenciales eléctricos y facilitan la comunicación biofísica.

Este comportamiento explica muchos fenómenos que la fisiología clásica no podía justificar. Por ejemplo, la baja fricción de las articulaciones: los cartílagos no se desgastan porque las capas de agua que los recubren están estructuradas en láminas cargadas negativamente que se repelen entre sí, como dos imanes del mismo polo. Esa repulsión electrostática evita el roce, y por tanto, el deterioro. En cambio, cuando el cartílago enferma o el agua pierde su estructura, esa repulsión desaparece, las superficies se rozan y aparece el dolor. La propiedad eléctrica del agua estructurada es, literalmente, lo que nos permite movernos sin fricción.

El agua como memoria viva

El agua no solo organiza la materia: también almacena información. Cada molécula de agua puede cambiar su orientación y su estructura en función de las vibraciones electromagnéticas que recibe.
Por eso, el agua puede actuar como un registro dinámico de información energética, conservando la "firma" de todo lo que toca o rodea.

Desde esta perspectiva, los líquidos biológicos —sangre, linfa, líquido cefalorraquídeo, agua intracelular— son soportes de memoria electromagnética. Transmiten señales, almacenan patrones y participan en la coherencia general del organismo.

En otras palabras: el agua piensa a su manera. No con neuronas, sino con vibraciones, frecuencias y estructuras dinámicas que responden a su entorno.

Una nueva mirada terapéutica

Comprender el agua como medio inteligente y estructurador abre una nueva dimensión para la biología y la medicina. Sus propiedades eléctricas —su capacidad de generar potenciales, de almacenar información y de mantener la coherencia molecular— son la base sobre la que se edifica la fisiología electromagnética de la vida.

Lo que llamamos "vida" ocurre, en realidad, dentro del agua y gracias al agua. Cada célula es un pequeño laboratorio acuático en equilibrio entre orden y movimiento, donde la luz, la electricidad y la información fluyen sin cesar. Si el agua pierde su estructura, la coherencia se rompe. Si recupera su organización, la vida se restablece.

El futuro de la medicina —y quizás también de la conciencia— pasa por reconocer al agua no solo como sustancia, sino como campo: un medio sensible, vibrante y resonante que une lo físico, lo energético y lo espiritual.

El espejo líquido de la vida

El agua es el gran hilo conductor de este libro. Atraviesa todas las explicaciones anteriores —la bioelectricidad, los campos, la coherencia, los biofotones— como un elemento sagrado y científico a la vez. Ella transporta la información, sostiene la energía y refleja la luz que somos. Por eso, quizás, los antiguos la consideraban símbolo de vida, pureza y espíritu.

Hoy sabemos que esa metáfora es literal: somos agua organizada por la luz. Y cada vez que esa luz se ordena dentro de nosotros, recuperamos la coherencia que nos devuelve al origen.

RESUMEN Capítulo 12 — Los gurús del agua

Este capítulo explora el papel esencial del agua como soporte eléctrico, estructural e informacional de la vida. Aunque constituye cerca del 70 % del cuerpo humano, la ciencia la consideró durante mucho tiempo un simple solvente pasivo. Sin embargo, los llamados *"gurús del agua"* —investigadores como Gerald Pollack, Jacques Benveniste y Luc Montagnier— demostraron que el agua biológica es activa, organizada y portadora de información.

El biofísico Gerald Pollack descubrió la llamada cuarta fase del agua: un estado intermedio entre el líquido y el sólido, en el que las moléculas se ordenan junto a las superficies biológicas formando zonas de exclusión (EZ). En esas zonas, las cargas se separan y aparece un potencial eléctrico, convirtiendo a cada célula en una pequeña batería natural. Además, la luz infrarroja expande esta estructura, mostrando que la energía lumínica puede alimentar directamente la organización celular.

El médico Jacques Benveniste, seguido después por Luc Montagnier, descubrió que el agua puede conservar la huella electromagnética de las sustancias que contuvo, incluso en ausencia de moléculas originales: la llamada memoria del agua. Investigaciones posteriores de Del Giudice, Vitiello y Tedeschi mostraron que el agua forma dominios de coherencia cuántica, regiones donde las moléculas vibran al unísono, actuando como un almacén dinámico de información.

Estas propiedades explican fenómenos fisiológicos cotidianos, como la baja fricción de los cartílagos, que se debe a la repulsión eléctrica entre las capas de agua estructurada. Cuando esa estructura se pierde, la fricción aumenta y aparece el daño articular. En definitiva, el agua no es un simple vehículo de reacciones: es un medio inteligente, capaz de almacenar memoria, generar energía y mantener la coherencia del organismo.

El capítulo concluye con una idea profunda: la vida ocurre dentro del agua y gracias al agua. La organización eléctrica y la memoria vibracional del agua sostienen los procesos bioenergéticos y la comunicación celular. Comprender el agua como campo coherente abre un nuevo paradigma en la biología y la medicina: el de la vida como resonancia líquida y luminosa.

CAPÍTULO 13

ELECTROPOLUCIÓN E HIGIENE DIGITAL

A lo largo de este libro hemos comprendido que la vida no se limita a reacciones químicas: es un fenómeno electromagnético y coherente, sostenido por campos de información, energía y materia. Cada célula, cada tejido, cada órgano emite y recibe señales eléctricas y luminosas. El cuerpo se comporta como una antena viva, permanentemente conectada con los campos naturales del entorno: la luz solar, la resonancia Schumann de la Tierra, las radiaciones cósmicas, el magnetismo planetario.

Sin embargo, en el último siglo hemos llenado nuestro entorno de campos artificiales que no existían en la historia de la evolución: antenas, routers, teléfonos móviles, Wi-Fi, Bluetooth, satélites, radares. Todo ese entramado electromagnético —invisible pero omnipresente— altera el delicado diálogo que el cuerpo mantiene con su medio. A esta saturación de radiaciones la llamamos **electropolución**.

No se trata de demonizar la tecnología, sino de comprender su impacto. Si la vida es comunicación electromagnética, cualquier interferencia en ese lenguaje puede afectar la coherencia del organismo.

El ruido invisible

El cuerpo utiliza los campos electromagnéticos para coordinar sus funciones más básicas: el latido cardíaco, la respiración, la sinapsis neuronal, el equilibrio hormonal. Introducir radiaciones externas en ese sistema es, literalmente, introducir ruido en la conversación celular.

Las radiaciones artificiales son acumulativas y perturbadoras. Sin embargo, los estudios que las califican como "inocuas" se basan en un modelo obsoleto de los años ochenta: el SAR (*Specific Absorption Rate*), que mide únicamente el calentamiento térmico en una masa de agua salada —un *phantom* o "bañera modelo" que simula un cuerpo humano sin vida ni complejidad bioeléctrica.

El problema es que el cerebro no es una bañera de agua, sino un entramado de tejidos sensibles, con frecuencias que oscilan entre 0,5 y 100 hercios: las ondas alfa, beta, delta, theta, gamma... Luego hay que añadir todo el resto de frecuencias, correspondiente a (al menos) dos tercios del espectro electromagnético. Estas frecuencias pueden verse alteradas por los campos de los teléfonos móviles, los routers o las antenas, incluso cuando el dispositivo no está en uso.

El resultado no siempre es inmediato, pero sí constante: microalteraciones en la concentración, el sueño, el equilibrio emocional y la capacidad de atención.

La biología como sistema resonante

El cerebro es, esencialmente, un seguidor de frecuencias. Tiende a sincronizarse con los ritmos que lo rodean, como un metrónomo que adapta su tempo al compás de los demás. Esto explica por qué los campos electromagnéticos naturales —como los del corazón o los de la Tierra— favorecen la estabilidad, mientras que los campos caóticos de los dispositivos electrónicos generan inestabilidad y fatiga.

Existen estudios que demuestran que el simple contacto visual entre una madre y su bebé sincroniza las ondas cerebrales de ambos. El cerebro, literalmente, se pone en resonancia con lo que ama y en lo que confía. Si en lugar de esa presencia humana se interponen pantallas o dispositivos, el cerebro sigue sincronizándose... pero con frecuencias incoherentes.

Por eso, la electropolución no es solo un problema físico: es también cognitivo y emocional. Afecta la calidad del pensamiento, la atención, el descanso y la estabilidad del ánimo.

La infancia ante los campos digitales

El impacto de los campos electromagnéticos y de las pantallas es especialmente grave en los niños y adolescentes, porque su sistema nervioso aún está en formación. Podemos explicar el desarrollo humano en septenios:

- de 0 a 7 años, se estructura el cuerpo físico y energético;
- de 7 a 14, el mundo emocional;
- y de 14 a 21, la esfera mental y la autonomía del pensamiento.

Durante esos años, el cerebro experimenta una intensa plasticidad. La exposición temprana y prolongada a pantallas altera la maduración de la corteza prefrontal, zona encargada de la atención, la voluntad y la autorregulación. Las imágenes en rápido movimiento, los sonidos intensos y los estímulos digitales constantes hiperactivan el sistema dopaminérgico y dejan al niño dependiente del estímulo, incapaz de sostener su atención de forma interna.

Además, la luz azul de las pantallas inhibe la producción de melatonina y rompe los ritmos circadianos, dificultando el sueño y afectando la regeneración celular nocturna. El resultado es una generación más conectada (solo a lo externo y, a menudo, a lo artificial e incluso virtual), pero menos concentrada, más informada, pero menos integrada y conectada a la vida.

Tres principios de higiene digital

Frente a este panorama, propongo una actitud de responsabilidad consciente, a la que llamo *higiene digital*. No se trata de vivir sin tecnología, sino de usarla de forma coherente con la biología.

Sus tres principios básicos son:

- Conocer las fuentes de radiación y su tipo (móviles, routers, antenas, bluetooth, dispositivos inteligentes, electrodomésticos).

- Evitar o reducir la exposición innecesaria: apagar el Wi-Fi por la noche, usar auriculares con cable, mantener distancia entre el cuerpo y el dispositivo, priorizar el modo avión, dormir sin teléfono.
- Neutralizar o redirigir cuando no sea posible eliminar: usar materiales aislantes, reorganizar espacios y fomentar el contacto con la naturaleza, fuente de campos coherentes y restauradores.

La clave no es el miedo, sino la consciencia. Somos antenas frente a antenas. Y como tales, debemos cuidar nuestra sintonía.

Un nuevo paradigma de salud

El verdadero desafío no es solo reducir la exposición, sino comprender qué significa vivir en coherencia electromagnética. La salud no depende de eliminar lo externo, sino de mantener la coherencia interna, esa capacidad del cuerpo para autorregularse, adaptarse y resonar con el entorno natural. El cuerpo no necesita ser controlado: necesita ser escuchado. La tarea del terapeuta —y de cada persona— es ayudarlo a hacer lo que ya intenta hacer, a restablecer la coherencia perdida.

De la misma forma en que no se combate la oscuridad sino que se enciende la luz, no se combate la enfermedad, sino que se favorece la coherencia. Esa es la verdadera bioenergía aplicada a la salud.

Volver a la frecuencia de la vida

Vivimos rodeados de frecuencias artificiales que compiten con la melodía natural de la Tierra. Pero la solución no está en huir, sino en recordar nuestra propia frecuencia.

Te invito a reconocer que la vida no es materia animada, sino luz coherente en acción. Que cada pensamiento, emoción o gesto genera un campo. Y que nada ni nadie puede apagar esa luz, porque es el principio mismo de la vida.

"Somos antenas de conciencia.

Somos frecuencia.

Somos luz coherente."

RESUMEN Capítulo 13 — Electropolución e higiene digital

Este capítulo final conecta toda la visión del libro —la vida como fenómeno electromagnético y coherente— con un tema contemporáneo: la electropolución, es decir, la saturación de campos electromagnéticos artificiales en el entorno cotidiano. El cuerpo utiliza los campos eléctricos y magnéticos naturales para regularse y comunicarse; al introducir radiaciones externas (teléfonos móviles, Wi-Fi, antenas, bluetooth), se genera un ruido energético que interfiere en ese lenguaje biológico. Los estudios oficiales, basados en el modelo térmico del SAR, ignoran los efectos no térmicos sobre la bioelectricidad y los biofotones, especialmente en el cerebro, un sistema de alta sensibilidad vibracional.

El ser humano es un sistema resonante: su cerebro tiende a sincronizarse con las frecuencias del entorno. Por eso, las radiaciones incoherentes alteran la concentración, el descanso y la estabilidad emocional. En los niños y adolescentes, cuyos cerebros aún maduran, el impacto es mayor: las pantallas hiperactivan la corteza prefrontal, favorecen la impulsividad y alteran los ritmos circadianos por exceso de luz azul, lo que afecta el sueño y la regulación hormonal.

Como respuesta, se propone una higiene digital consciente, basada en tres pasos:

1 - Conocer las fuentes de radiación.

2 - Reducir la exposición innecesaria.

3 - Neutralizar o compensar con hábitos naturales (contacto con la tierra, descanso sin dispositivos, espacios sin Wi-Fi).

Más allá de las medidas prácticas, el capítulo concluye con un mensaje profundo: la salud depende de mantener la coherencia electromagnética interna, esa capacidad natural del cuerpo para autorregularse y resonar con la Tierra. Comprendernos como "antenas vivas" implica recuperar el respeto por nuestra frecuencia esencial. La autora cierra con una afirmación luminosa:

"Somos antenas de conciencia. Somos frecuencia. Somos luz coherente."

Sobre Ana María Oliva

Ana María Oliva nació en Barcelona. Estudió en la Universidad Politécnica de Cataluña su primera carrera, Ingeniería Industrial – Mecánica de Máquinas.

Después de bastantes años de práctica profesional y de docencia, se empezó a interesar por una mirada menos materialista de la vida. A partir de ciertas experiencias vitales, quiso encontrar un puente que permitiera conectar la ciencia y la consciencia. Ahí empezó a investigar sobre técnicas de medicina alternativa, y posteriormente estudió el Master en Ingeniería Biomédica en la Universidad de Barcelona en colaboración con la Universidad Politécnica de Cataluña, en el que le dieron un Premio Extraordinario por su trayectoria.

Hizo el doctorado sobre el Efecto de Campo eléctrico sobre células, en el Instituto de Bioingeniería de Cataluña (IBEC), en el laboratorio de Nanobioingeniería en colaboración con el laboratorio de Microbiología. Obtuvo un cum laude por su investigación.

Ha sido docente durante varios años en el Master y el Grado de Ingeniería Biomédica, en la Universidad de Barcelona.

Ha trabajado en clínica con más de 10,000 personas, acompañándolas a optimizar su salud, desde la mirada electromagnética de la vida.

En 2022 creó la Universidad Viviente del Terreno (www.universityofterreain) donde un nutrido equipo docente enseña una ciencia rigurosa, no basada en intereses económicos sino en la búsqueda del conocimiento real.

En 2024 creó las Escuelas Vivas, una propuesta educativa de escuela primaria para acompañar y apoyar a las familias que han decidió recuperar la soberanía educativa para sus hijos. www.escuelasvivas.com

Investigadora incansable, divulgadora, soñadora, madre, humana... Ana María disfruta compartiendo su conocimiento e inspirando a otras personas a llegar a ser la mejor versión de si mismas.

SI QUIERES SABER MÁS...

Tenemos una universidad completa para ti.

- Diplomados
- Maestrías
- Cursos de especialización
- Publicaciones
- Eventos...

www.universityofterrain.com

Sobre este tema, Ana Maria ofrece un Diplomado y una Maestría en Bioenergía Aplicada a la Salud.

Tienes también el cuaderno nº 2 sobre Higiene Digital.

Todo en nuestra Universidad Viviente del Terreno.

Made in the USA
Monee, IL
04 November 2026

67377471R00105